ADVANCED CONCEPT RESEARCH & DEVELOPMENT OF

혁신적 파괴 · 과학기술 원리를 활용한

다이슨 '날개없는 선풍기' 선행개념 연구개발

DYSON BLADELESS FAN

구민사

혁신적 파괴·과학기술 원리를 활용한 다이슨 '날개없는 선풍기' 선행개념 연구개발

초판 인쇄 | 2023년 10월 10일
초판 발행 | 2023년 10월 20일

저 자 | 이국환
발행인 | 조규백
발행처 | 도서출판 구민사
(07293) 서울특별시 영등포구 문래북로 116, 604호(문래동3가 46, 트리플렉스)
전 화 | (02) 701-7421(~2)
팩 스 | (02) 3273-9642
홈페이지 | www.kuhminsa.co.kr
신고번호 | 제2012-000055호 (1980년 2월 4일)
I S B N | 979-11-6875-283-2(93500)

값 30,000원

4차 산업혁명 시대는 과학기술의 융성이라고 표현할 수가 있다. 첨단 과학기술의 발전과 관련 산업의 성장 속도는 빠르다. 그것도 엄청 빠르다. 세상을 변화시키는 생각지 못한 새로운 혁신 기술들이 계속해서 나타난다.

기술은 빠른 속도로 변하고 있다. 이러한 첨단기술이 적용된 획기적이며 새로운 제품들과 플랫폼 서비스가 나타나고 있다. 우리들이 친숙하게 접하는 생활용품부터, 가전제품(TV, 냉장고, 세탁기, 에어컨, 공기청정기, 의류관리기 등), 첨단정보통신제품(스마트폰 등), IT 및 IoT(사물인터넷) 응용기기, 반도체뿐만 아니라 전기자동차, 전기전자분야, 기계부품 및 전장분야, 로봇, 드론(무인비행기), 헬스케어·의료기기, 광학기기, 소재 분야, 바이오 분야, 첨단산업인 항공우주산업에 이르기까지 여기에 폭넓게 적용되는 핵심기술은 바로 '제품개발' 관련 기술인 것이다. 4차 산업혁명의 시대에 있어 '제품개발'은 기존 방식과는 다른 창의적이며 차별화된 그것도 생각지 못한 혁신적인 제품개발이 되는 시대가 되었다.

디지털 대전환(Digital Transformation)이라 일컫는 시대에서 첨단기술이 적용된 생각지도 못한 창의적이며, 혁신적인 새로운 기술, 신개념의 기술은 우리의 삶과 생태계에 엄청난 영향을 끼치고 있다. 생각지 못한 혁신적인 기술의 사례는 스티브 잡스(Steve Jobs)의 스마트폰, 제임스 다이슨(James Dyson)의 날개 없는 선풍기, 일론 머스크(Elon Musk)의 스페이스X 와 스타링크 등 이루 말할 수가 없다.

여기서는 일상 생활에 도움이 되는 간단하면서도 유용한 도구인 선풍기를 대상으로 신개념, 신기술의 혁신 연구개발 및 기술사업화 사례를 상세히 분석하고 저술하였다.

창의적 아이디어 발굴부터, 콘셉트(Concept), 특허, 개념의 구체화, 기능분석, 모델링, 시뮬레이션까지 선행기술의 '개념정의'부터 타당성, 평가, 구현, 검증, 사업화 가능성과 기술의 수준 및 완성도 분석, 실증 예측까지의 전주기 사례를 보여주며 과학원리와 공학기술에 의한 객관적인 접근을 해 보았다.

사례연구로 제시한 다이슨(Dyson)의 '날개 없는 선풍기'는 1882년 발명왕이라 불리는 미국 토머스 에디슨(Thomas Edison)이 날개 달린 선풍기를 개발한 이후로 무려 130년 만에 영국 제임스 다이슨이 2005년 창의적 아이디어를 착상한 후 4년여의 끈질긴 도전과 시행착오의 개발과정을 거쳐 2009년 10월 '에어 멀티 플라이어(Air multiplier, 공기 증폭기)'라는 제품

PREFACE

(상품명)으로 출시한 이후로 신기술의 획기적이고도 혁신적인 제품이라고 일컫는다.

이마트(Emart)로 대표되는 신세계 그룹 정용진 부회장은 다이슨의 '날개 없는 선풍기'를 '기술이 아닌 과학의 산물'이라고 극찬하였고, 국내에 소개하였다. 아직도 다른 선풍기에 비해 높은 가격이지만, 많이 팔리는 다이슨의 대표적 혁신제품으로 세계적으로 널리 알려져 있다.

세계적 신기술 혁신제품으로 여름철에 없어서는 안되는 선풍기, 서큘레이터(Circulator) 시장을 선도하고 있는 다이슨의 '날개 없는 선풍기'에는 어떤 과학원리와 공학기술이 결합되어 스며들어 있고 적용되었는지를 과학원리와 공학을 융복합해 분석한 저서이다. 또한 혁신제품 다이슨의 '날개 없는 선풍기'의 구조적 문제점을 분석해 이를 개선한 개량기술은 물론 '양방향으로의 날개 없는 선풍기'의 개발에 대한 개념설계안(개념도)도 처음으로 본 저서에서 제시하였다.

다이슨의 '날개 없는 선풍기'를 과학기술과 개발설계 그리고 전 세계 특허에 의해 체계적으로 분석하고, 검토하고, 기능분석 등 방법론을 통해 저자가 창의적으로 내용을 보완한 본 저서가 혁신적이며, 세상에 없는 새로운 제품을 기획하고, 선행 연구하고, 개발하고, 제품개발을 위해 상세설계를 하는데 있어 큰 도움이 되리라 확신한다. 미래를 개척하는, 미래에 도전하는, 미래를 선도하는 세상을 변화시키는 신개념, 신기술이 대한민국을 더욱 기술 선진국으로 도약시켰으면 하는 바람을 가진다.

미국 국방부 산하 국방고등연구계획국(DARPA, Defense Advanced Research Projects Agency)은 그 동안 세상에 없던 신기술인 인터넷, 음성인식기술, GPS(위성항법시스템) 같은 첨단기술을 개발해 혁신연구의 산실로 불린다. 2023년 3월 9일(목), 대한민국 과학기술정보통신부는 국가연구개발사업을 지원·관리하는 한국연구재단에 별도의 센터를 설립해 한국판 DARPA인 '한계도전 R&D 프로젝트'를 추진한다고 발표했다. 이날 제시한 기술혁신을 이끈 도전적, 혁신적인 여러 사례로 내비게이션, F-35에 탑재된 HUD(Head Up Display, 헤드업 디스플레이), 마이크로소프트(Microsoft)사의 바닷물을 이용한 데이터센터의 수중 냉각시스템 실용성 확인을 위한 나틱 프로젝트(Natick Project), 일론 머스크의 스타링크(Starlink), 다이슨의 '날개 없는 선풍기' 등을 사례로 제시하였다.

기술혁신을 이끈 도전적, 혁신적인 한계도전 프로젝트의 성공 사례로 고위험·고성과(high risk–high return) 연구와 기술개발을 통해 실용화를 이룬 우리들 실생활에 널리 사용되고 있는 아주 익숙한 '날개 없는 선풍기'를 선택해 혁신적 파괴의 사례연구로 본 저서를 집필하여, 향후 도전적이며 혁신적인 선도과제·도전과제에 조금이라도 도움이 되고자 본 저서를 저술하게 된 것이다.

혁신 사례로 '날개 없는 선풍기'를 과학기술과 공학으로 철저히 분석하고, 제품을 전반적인 개발 과정을 통해 혁신을 창출하고자 하는 목적을 가지고 저자 나름대로 창의성을 바탕으로 최선을 다해 기술하였다. 이는 저자가 나름대로 세상에 없는 기술로 사람들에게 보편적인 편의와 유익을 주고자 하는 끈기와 집념으로, 근 40여년에 이르는 지속적인 연구개발 그리고 지속적인 발명의 결과물이다.

한편으로, 국가의 산업발전을 위해 미래 먹거리를 찾고자, 국가 선도기술을 위한 추진 동력원을 탐색하여 기획 과제를 발굴하고자 묵묵히 수고하시는 분들이 있다.

산업부 R&D 연구과제의 기획, 발굴, 평가, 관리를 총괄하며 중추적인 실무를 담당하면서, 저자에게 지속적인 협조와 더불어 도움을 주신 산업부 산하 한국산업기술평가관리원(KEIT)의 정찬혁 박사님을 비롯한 관계자 분들께 진심으로 감사를 드린다. 산업기술의 발전으로 경제성장과 새로운 산업생태계 창출과 선순환으로 국가발전을 위해 창의적, 도전적, 선도적 혁신과제의 기획에 공감대를 형성하며, 기존과는 보다 차별적인 즉, 원천 선행연구 속성의 개념과제를 만들어내고자 하여 그 사례를 이번에 저서로 출간하게 된 것이다. 다시금 그 분들의 노고와 도움에 진심으로 경의를 표하는 바이다.

아무쪼록 본 저서가 창의적이며, 혁신적인 연구와 기술개발에 있어 사례연구로 산업발전을 위해 끊임없이 열정을 쏟고 있는 연구개발과 기술개발 분야의 독자들에게 도움이 되길 바란다. 또한 세상에 없는 도전과제의 기획과 개발에 진정으로 가이드(길잡이)와 참고가 되길 바라는 바이다. 그리고 기술보국(技術報國)으로 국가발전에 기여를 부탁드린다.

끝으로 이 저서를 출간해 주신 구민사 조규백 대표님의 열정과 편집부 관계자들의 노고에 감사를 드린다.

PREFACE

2023년 10월

공학박사 이국환(李國煥)

CONTENTS

CHAPTER 01
4차 산업혁명과 기술혁신

CHAPTER 02
혁신의 키워드, 날개없는 선풍기

CHAPTER 03
베르누이 원리를 이용한 응용제품 (사례연구)

CHAPTER

01 4차 산업혁명과 기술혁신

01 4차 산업혁명(Fourth Industrial Revolution, 4IR)

(1) 4차 산업혁명의 등장

2016년 1월 20일 스위스 다보스(Davos)에서 열린 '세계경제포럼(WEF, World Economy Forum)'은 '4차 산업혁명의 이해(Mastering the Fourth Industrial Revolution)'를 주요 의제로 설정했다. 그간 저성장, 불평등, 지속가능성 등 경제 위기 문제를 다루어온 다보스 포럼에서 과학기술 분야가 주요 의제로 꼽힌 것은 포럼 창립 이래 최초였다.

이 포럼에서 회장 클라우스 슈밥(Klaus Schwab)은 기조연설(기본 방침에 대하여 설명하는 연설)에서 독일의 '인더스트리 4.0(Industrie 4.0으로 영어로는 Industry 4.0과 마찬가지로 산업 4.0이란 뜻이다. 그러나 독일어 Industrie는 영어 의미와 달리 제조라는 뜻도 포함하고 있다. 그래서 인더스트리 4.0은 '제조 4.0'이란 의미로도 쓰인다)'에 의해 탄생한 자동화 기술의 혁신과 확산이 전통적인 제조업뿐만 아니라, 경제 전반의 생산과 사회 구조에 커다란 변동을 가져온 현상을 '4차 산업혁명'으로 지칭하였다.

'4차 산업혁명'이라는 용어는 앞서 독일이 2010년 발표한 '하이테크 전략 2020'의 10대 프로젝트 중 하나인 '인더스트리 4.0(Industrie 4.0)'에서 '제조업과 정보통신의 융합'을 뜻하는 의미로 먼저 사용됐다. 클라우스 슈밥은 4차 산업혁명을 3차 산업혁명을 기반으로 디지털(digital), 정보통신(ICT), 바이오(bio) 등을 비롯한 첨단 기술과 물리학, 화학, 생물학으로 대표하는 과학 간의 모든 경계를 허무는 융합기술(또는 기술융합) 혁명으로 정의하고, 산업, 경제, 사회, 문화 등에 새로운 패러다임(paradigm, 다양한 사고와 관념을 서로 연관시켜 질서 있게 하는 구조를 일컫는 개념)을 제시하였다. 이후 '세계경제포럼(WEF)'에서 제4차 산업혁명을 의제로 설정하면서 전 세계적으로 주요 화두와 대변환(변혁)의 상징으로 등장하게 되었으며, 포럼 이후 세계의 많은 미래학자와 연구기관에서 제4차 산업혁명과 이에 따른 산업 · 사회 변화를 논의하기 시작했고, 전 세계 과학기술과 산업발전에 있어 주요 과제로 부각되었다.

이런 새로운 변혁의 물결(wave)은 디지털 혁명에 기반하여 물리적 공간, 디지털적 공간 및 생물학적 공간의 경계가 희석되는 새로운 기술융합 시대로의 디지털 대변환(great transformation, 거대한 전환)이라 할 수 있다.

사진 1.1은 4차 산업혁명에 있어 로봇과 사물인터넷(IoT, Internet of Things)을 활용한 공정 자동화 관련 사진이다.

사진 1.1 4차 산업혁명의 대표적인 자동화

(2) 4차 산업혁명의 정의

4차 산업혁명의 주창자이자 세계경제포럼(WEF) 회장인 클라우스 슈밥(Klaus Schwab)은 자신의 책 '4차 산업혁명'에서 4차 산업혁명을 '3차 산업혁명을 기반으로 한 디지털과 바이오산업, 물리학 등 3개 분야의 융합된 기술들이 경제 체제와 사회 구조를 급격히 변화시키는 기술혁명'으로 정의했다.

그는 "우리는 지금까지 우리가 살아왔고 일하고 있던 삶의 방식을 근본적으로 바꿀 기술혁명의 직전에 와 있다. 이 변화의 규모와 범위, 복잡성 등은 이전에 인류가 경험했던 것과는 전혀 다를 것"이라고 말했다.

이전의 1, 2, 3차 산업혁명을 간략히 정리하면 다음과 같다.

① 1차 산업혁명(1760~1840년, Industry 1.0)

주요 내용은 기계적 생산의 도입이다. 산업에서 수력과 증기를 이용한 혁신적 변화가 일어났다. 수력을 이용한 기계 방적기는 종이, 철 등을 비롯한 다양한 일상품을 기계화된 방법으로 제조하는 터빈형 벨트시스템으로 발전하였고, 오늘날 우리가 알고 있는 '최초의 공장'이 등장한 것이다.

철도 · 증기기관의 발명 이후 기계에 의한 생산으로 생산성이 크게 향상되었다.

증기기관의 발명 이후에 기계에 의한 생산으로 생산성이 향상되었고, 철도, 증기선의 등장으로 철도가 세계 각지를 연결하여 이동의 편리성과 물류의 수송이 원활해져 연관산업 발전에도 크게 기여했다.

사진 1.2는 1차 산업혁명의 대표적 기계생산 모델인 수력 방적기를 이용한 생산방식을 보여준다.

사진 1.2 수력을 이용한 기계 방적기와 기계적 생산(출처: 위키피디아)

② 2차 산업혁명(19세기 말~20세기 초, Industry 2.0)

전기와 생산 조립라인 등 대량 생산체계 구축이 이루어졌다. 특히 자동차의 조립에 있어 벨트 컨베이어 시스템이 적용되어 생산성 혁신이 일어났다.

③ 3차 산업혁명(1969~2015년, Industry 3.0)

컴퓨터와 반도체로 인한 정보기술 시대로의 진입이다. 또한 오토메이션(automation)이라 일컫는 자동화 시대의 등장이다. 메인프레임 컴퓨팅(1960년대), PC(1970~1980년대), 인터넷(1990년대), 스마트폰(2000년대)의 등장과 발달을 통한 정보통신기술 시대로의 화려한 열매를 맺게 된다.

④ **4차 산업혁명(2016~현재, Industry 4.0)**

3차 산업혁명을 기반으로 하는 4차 산업혁명은 디지털 대전환으로 '초연결성(Hyper-Connected)', '초지능화(Hyper-Intelligent)' 등의 특성을 가지고 있으며, 사물인터넷(IoT), 클라우드 등 정보통신기술(ICT)을 통해 인간과 인간, 사물과 사물, 인간과 사물이 서로 연결되고, 빅데이터와 인공지능(AI) 등으로 보다 지능화되고 고도화된 스마트 사회로 변화되고 있다.

또한 사이버 물리시스템(CPS, Cyber Physical System)으로 운영되며 생산성이 극대화된 '스마트 팩토리(smart factory)'가 만들어진다. CPS는 컴퓨터와 네트워크상의 가상세계와 현실의 다양한 물리, 화학 및 기계 · 전자 · 컴퓨터공학적 시스템을 치밀하게 결합시킨 시스템이다. 이러한 체계가 적용된 공장인 '스마트 팩토리(공장)'와 가상현실인 '메타버스(Metaverse)' 등에서는 자체적으로 서로 정보를 교환하고, 최적의 상태에서 독립적으로 작동할 수 있다.

클라우스 슈밥은 4차 산업혁명을 이끄는 10개의 선도 기술을 제시했는데, 물리학 기술로는 무인운송수단 · 3D 프린팅 · 첨단 로봇공학 · 신소재 등 4개, 디지털 기술로는 사물인터넷 · 블록체인 · 공유경제 등 3개, 생물학 기술로는 유전공학 · 합성생물학 · 바이오프린팅 등 3개이다. 이러한 기술을 기반으로 클라우드 컴퓨팅, 스마트 단말기, 빅데이터, 딥러닝, 드론, 자율주행차 등의 산업이 발전하고 있다고 봤다.

이러한 선도 기술은 결국 과학기술이 서로 융복합된 새로운 기술의 태동이라 하겠다.

예를 들면, 사물인터넷(IoT)은 다양한 플랫폼을 기반으로 사물(제품, 서비스)과 인간을 연결하는 새로운 패러다임을 창출하고, 이러한 환경에서 생성되는 다양한 데이터를 처리하기 위한 클라우드 컴퓨팅 및 빅데이터 산업이 발달한다는 것이다. 또 이에 인공지능(AI)이 더해지며 다양한 맞춤형 서비스 제공이 가능해진다는 것이다.

여기에 인간의 만족과 감성을 충족하는 새롭고 획기적인 플랫폼 서비스가 창출되었다.

02 기술혁신 이론

(1) 슘페터의 창조적 파괴(Creative destruction)

창조적 파괴는 오스트리아 태생의 미국 경제학자 조셉 슘페터(Joseph Schumpeter, 1883~1950년)가 경제 발전을 설명하기 위해 제시한 혁신 이론에 대한 개념이다.

기술혁신을 통하여 낡은 것을 버리고 새로운 것을 창조하여 변혁을 일으키는 과정을 말한다. 그는 자본주의의 역동성을 가져오는 가장 큰 요인으로서 창조적 파괴를 꼽았는데, 특히 경제발전 과정에서 기업가의 창조적 파괴 행위를 중요시했다. 1912년에 발표한 그의 저서 '경제발전론'에 따르면, 이윤은 혁신적인 기업가의 창조적 파괴 행위를 성공적으로 이끈 기업가의 정당한 노력의 대가이며, 그것을 다른 기업이 모방하면서 이윤은 소멸되고, 새로운 혁신적 기업가의 출현으로 다시 새로운 사회적 이윤이 생성된다고 설명했다.

슘페터는 기업가들이 새로운 경영 조직을 만들고, 새로운 시장을 개척하고, 새로운 제품을 개발하는 일련의 창조 과정을 '창조적 파괴(creative destruction)'로 부르면서, 창조적 파괴가 경제 발전의 본질이라고 보았다.

이러한 슘페터의 사고는 경제 발전의 개념을 바꾸어 놓았다. 기존 고전 경제학에서의 경제 발전은 양적인 성장만을 중요시 했던 반면, 슘페터는 혁신적 기술의 발전이나 경제 구조의 질적 개선 등을 중시하면서 "우편 마차를 아무리 늘린다고 해도 기차의 시대가 오지는 않는다"라며 기술발전과 기술혁신의 중요성을 지적했다.

'기술혁신'은 슘페터가 제시한 용어로, 새로운 생산 기술의 획기적인 발전을 비롯하여 새로운 상품의 도입, 새로운 자원의 개척 및 새로운 경영 조직의 도입 등으로 일어나는 경제사회 구조의 변혁을 뜻한다.

창조적 파괴 이론에 의하면, 새로운 혁신기술의 등장으로 기존의 산업이 파괴 혹은 도태되고 한편으론 이에 적응하면서 나타나는 새로운 산업(신산업)이 그 빈자리를 채우는 새로운 혁신 사이클(innovation cycle)이 반복되면서 산업과 경제가 발전한다는 것이다. 새로운 혁신기술의 등장, 즉 '기술혁신'이야말로 자본주의가 계속 유지되어 성장할 수 있는 동력이라는 것이다.

사진 1.3은 창조적 파괴라는 기술혁신 이론을 제시한 이노베이터(innovator, 혁신가) 조셉 슘페터이다.

사진 1.3 조셉 슘페터(Joseph Schumpeter)

혁신적 아이디어가 창조적 파괴를 만든다.

창조적 파괴(creative destruction)는
'기술혁신'으로 전통적인 기존의 낡은 것을 무너뜨리고, 새로운 것을 만들어 변혁을 일으키는 산업적 변환의 과정이다. 새로운 아이디어로 무언가를 창조해내고, 혁신을 일으켜 자신의 에너지와 재능을 발휘하는 데에서 성취감과 즐거움을 느끼는 사람들이 많다. 각자에게 주어진 잠재적 능력을 분출하여 창조적 파괴에 한 번 도전해 보도록 하자.

창조적 파괴 = (아이디어 + 재능 + 에너지 + 성취감 + 즐거움) × (열정 + 도전)

(2) 파괴적 혁신(Disruptive innovation)

파괴적 혁신은 경영학자인 미국 하버드대학 경영대학원 클레이튼 크리스텐슨(Clayton M. Christensen, 1952년~) 교수가 주창한 용어로, 단순하고 저렴한 제품이나 서비스로 시장의 저변(밑바닥)을 공략한 후 빠르게 시장 전체를 장악하는 방식의 혁신을 말한다. 크리스텐슨 교수는 1997년 발표한 저서 '혁신 기업의 딜레마(The Innovator's Dilemma)'를 통해 이 개념을 처음으로 소개했다.

파괴적 혁신은 저렴한 비용으로 시장을 침투하는 '로엔드(low end, 저가)형'과 니치마켓(niche market,

틈새시장)을 중심으로 시장을 구축해 나가는 '신시장형'으로 구분할 수 있다. 비디오 · DVD 대여사업으로 시작하여 비디오 스트리밍 시장을 우선 만들고 종국에는 전 세계 온라인 시장을 장악한 '넷플릭스(Netflix)'나 지역 내 소규모 승용차 공유사업에서 출발해 글로벌 자동차 승차공유 산업을 일으켜 택시산업을 위협하는 존재인 '우버(Uber)' 등을 파괴적 혁신의 대표적인 예로 들 수 있다.

사진 1.4는 파괴적 혁신을 주창한 크리스텐슨이다.

사진 1.4 클레이튼 크리스텐슨(Clayton M. Christensen)

CHAPTER 02

혁신의 키워드, 날개없는 선풍기

01 날개없는 선풍기

(1) 날개없는 선풍기의 개요

무더운 여름에 에어컨(air conditioner)과 같이 없어서는 안되는 전통적인 날개 달린 일반 선풍기(fan, blade)를 분석해보자. 만약 고객감동을 일으키는 매력품질(감동품질)로서 '날개없는 선풍기'가 있었으면 하는 필요성은 당연히 요구된다. 따라서 여기서는 고객감동을 일으킨 혁신적 제품, 영국의 다이슨 회사가 개발한 '에어 멀티플라이어(air multiplier, 공기 증폭기)'라는 '날개없는 선풍기'를 다양한 각도로 과학기술적으로 분석해 보고자 한다. 사진 2.1은 '날개없는 선풍기'를 세계 최초로 고안한 영국의 제임스 다이슨(James Dyson, 1947년~)이다.

다음 신문기사를 통해서 우리는 그 창의적이며, 혁신적인 가치를 확인할 수 있다

사진 2.1 제임스 다이슨(James Dyson)

탄생 130년 만의 '진화'… 선풍기, 날개를 버렸다.

올여름 무더위가 기승을 부리면서 선풍기가 애용됐다. 전력 소비가 에어컨의 30분의 1에 지나지 않아 경제적이기 때문이다. 1882년 토머스 에디슨은 전기 모터로 날개를 돌려 바람을 불어내는 선풍기를 발명했다. 스위치만 켜면 더위를 식혀주어 편리했지만, 날개가 그대로 노출되어 있어 아주 위험했다. 1909년 독일 가전회사 AEG의 디자인 책임자 피터 베렌스는 날개에 철사 보호망을 씌워 안전성을 높였다. 그 이후 100여 년간 날개를 돌려 바람을 보내는 방식에는 거의 변화가 없었다.

그림 2.1 에어 멀티플라이어

2005년 영국 가전회사 다이슨(Dyson)의 회장인 제임스 다이슨(James Dyson, 1947년~) 경은 '날개없는 선풍기'라는 기발한 착상을 했다. 산업디자이너 출신인 다이슨 경은 1990년대에 이미 먼지봉투가 필요 없는 진공청소기를 발명하여 억만장자가 된 경험을 살려 새로운 선풍기 개발에 몰두했다.
2009년 10월, 다이슨은 '에어 멀티플라이어(Air Multiplier)'를 출시했다(그림 2.1 참조). 이 제품은 모터가 돌면서 빨아들인 공기를 제트기류로 만들어 일반 선풍기보다 15배나 많은 1초당의 바람을 일정한 속도로 배출한다.

일반 선풍기에 비해 체감온도가 훨씬 낮고, 40W 모터를 사용하여 소비 전력이 낮아 경제적이다. 특히 구조가 단순하여 안전하고 청소하기 편하고, 바람의 세기 · 방향 · 각도 등을 쉽게 조절할 수 있다.

2009년 타임지가 '올해의 발명품'으로 선정했고, 2010년 일본 '굿 디자인 대상(大賞)'을 탄 이 제품은 329달러라는 높은 가격에도 날개 돋친 듯 팔렸다. 하지만 중국산 짝퉁 등 싸구려 모방 제품들이 범람함에 따라 다이슨은 법적 대응에 부심하고 있다. 최근 우리 특허심판원은 이 제품이 국내 특허권을 획득하였으므로 권리를 보호해줘야 한다는 판결로 짝퉁 수입에 제동을 걸었다.
소중한 지식자산을 훔치는 '지적(知的) 해적질'을 막아야 하기 때문이다.

〈발췌: 정경원, 카이스트 산업디자인학과 교수, 조선일보 2012년 8월 16일〉

(2) 날개없는 선풍기의 호평(기술이 아니라 과학이다)

정용진 부회장이 호평한 '날개없는 선풍기'

비행기 제트엔진 원리 활용… 선풍기보다 시원하고 안전.

"오랜만에 물건다운 물건을 구한 것 같습니다. 너무 좋습니다."

기술이 아닌 과학이라는 호평을 받다.

2010년 정용진 신세계 부회장은 자신의 트위터에 날개없는 선풍기 '다이슨 쿨(Dyson cool)' 사진을 올렸다. 정 부회장은 "오랜만에 물건다운 물건을 구한 것 같다. 너무 좋다"고 호평했다. 이 제품은 순식간에 명성을 얻게 됐다. 날개가 없는 선풍기의 모습에 사람들은 '신기하다', '놀랍다', '믿을 수 없다'는 반응을 보였다.

정용진 신세계 부회장이 지난 21일 자신의 트위터를 통해 한 장의 사진과 함께 이 같은 글을 올렸다. 이 글은 8,000여명이 넘는 정 부회장의 팔로워(follower, 글을 읽는 트위터)들의 관심을 집중시켰다. "신기하네요", "이거 선풍기인가요", "팬없이 어떻게 작동되는지 궁금하네요", "한국에는 왜 이런 유용한 제품을 팔지 않나요" 등 관심 어린 댓글들이 줄을 이었다. 정 부회장은 "진공청소기 만들어서 유명해진 다이슨사에서 나온 날개없는 선풍기입니다. 사이즈가 두 종류 있는데 제 것은 스몰사이즈이고, 가격은 300불 전후였던거 같습니다. 바람 아주 잘 나옵니다"라고 설명했다.

정 부회장이 설명한 것처럼 이 제품은 영국의 다이슨사가 만든 '에어 멀티플라이어'다. 일명 '날개없는 선풍기'로 불리는 제품이다.

지난 2009년 10월 영국에서 처음으로 출시돼 현재 유럽지역에서 주로 판매되고 있으며, 아시아에서는 일본에서만 판매되고 있다. 아직까지 국내에서는 판매되지 않고 있다. 한국 다이슨 관계자는 "한국에는 내년 여름 중에 출시할 예정"이라고 말했다.

이 제품을 접한 사용자들은 "어디서 바람이 나오는지 신기하다"는 반응이다. 날개가 없이 바람이 불어오기 때문이다. 원리는 비행기의 날개에 있다.

아랫쪽 원통형 기둥 속의 모터가 공기를 빨아들여 위쪽 고리 내부로 밀어 올리고, 올려진 공기는 비행기 날개와 닮은 에어포일 내부에 1.3mm 고리 모양의 바람 배출구로 내보내게 된다. 이때 공기가 가속도를 얻게 되고 배출되면서 강력한 제트기류가 형성된다. 16도 기울어진 고리 모양의 바람 배출구는 바람의 방향을 바꾸는 역할을 한다.

다이슨 관계자는 "멀티플라이어는 공기의 흐름을 이용하기 때문에 일반 선풍기보다 더욱 시원한 바람을 만들어 낸다"며 "또한 에어컨처럼 오존 파괴 물질을 배출하지 않아 친환경적"이라고 설명했다.

특히 이 제품은 날개가 없기 때문에 안전사고의 위험에 노출될 우려가 없다. 이 때문에 어린아이가 있는 가정에서 활용가치가 높다. 또한 바람의 세기가 일정해 체감온도가 일반선풍기에 비해 낮고, 풍속이 15배나 빠르고 1초당 27리터의 공기를 배출해 에어컨보다 저렴한 가격이면서 소비전력도 에어컨의 50분의 1 수준이다. 10인치 사이즈의 제품은 299달러, 12인치는 329달러에 판매되고 있다.

〈발췌: 뉴시스통신 2010년 4월 25일 / 조선비즈 2016년 5월 31일〉

02 날개없는 선풍기의 아이디어와 착안발명

날개가 있어야 한다는 고정관념을 깨고, 혁신적 아이디어에 의한 개념설계 연구개발을 통해 120년 넘게 이어져 온 전통적인 기존 날개(팬, 프로펠러) 선풍기 기술의 트렌드(trend)를 타파해 혁신할 수 있는 가능성을 '날개없는 선풍기' 사례로 과학기술적으로 검증하고자 한다.

안전하고 소음이 없는 선풍기는 없을까? 라는 새로운 시각(관점)에서 출발하여 날개없는 선풍기의 발명과 특허를 기반으로 한 IP-R&D, 즉 원천 및 핵심특허 중심의 기술개발이 시작되었다.

표 2.1에 날개없는 선풍기의 주요 내용을 간략하게 정리하여 설명하고 있다.

표 2.1 날개없는 선풍기의 개요

<table>
<tr><th>분야
(제품명)</th><th>주요 내용</th><th>시사점</th></tr>
<tr><td>가전
제품

영국
(다이슨회사)</td><td>영국 다이슨 최초 개발 및 상용화(2009년 10월)
- 1882년 세계 최초로 등장한 선풍기는 바람개비 모양의 날개가 고속으로 회전하면서 바람을 앞으로 쏘아주는 형태의 제품이다.
- 적용된 '에어 멀티플라이어(Air Multiplier)' 기술은 다이슨의 특허로 공기 흐름의 속도를 몇십 배 더 빠르게 한다. 엔진의 폭발력을 높이기 위해 회전 날개로 외부에서 공기를 끌어들이는 비행기의 제트엔진, 자동차의 터보차저 엔진의 동작을 응용했다.
- 아래 그림은 다이슨 날개없는 선풍기의 작동 원리를 보여준다.

</td><td>날개가 있어야 한다는 고정관념을 깨고 아이디어를 가지고 4년간 연구개발을 통해 100년 넘게 이어져 온(정확히는 127년만에) 기존 날개(프로펠러) 선풍기 기술의 트렌드를 혁신한 사례이다.

〈기술혁신의 내용〉
바람개비 →
에어 멀티플라이어</td></tr>
</table>

03 날개없는 선풍기의 발명과 기술개발

날개없는 선풍기의 발명과 기술개발에 있어 획기적 아이디어 착상(발상, 도출)과 발명 원리, 주요 프로세스(process, 절차)를 상세히 설명하려고 한다.

(1) 문제정의

문제(problem)는 '현재 존재하는 것과 앞으로 존재하기를 바라는 이상적인 것과의 차이에서 발생하는 간극'이다. 문제해결을 위한 첫 단계는 소비자에게 불편함을 일으키는 우선 '문제가 존재한다는 것을 인식'하고 그 실체와 속성을 정확히 파악하여 정의하는 '문제정의'로부터 시작한다.

① 문제(Problem)란? 문제의 속성

문제는 상품, 서비스 등이 갖는 현실과 주체(고객, 사용자, 소비자 등)가 원하고 바라는 이상과의 갭(gap: 간극, 틈새)이다.

② '문제가 존재한다'는 인식

문제는 언제, 어디서나 항상 있다. 반드시 존재하는 것을 인식해야만 한다.

이는 주체의 눈높이가 기술의 발전에 따라 높아지기 때문이다.

③ 문제의 도식화

문제정의를 도식적으로 표현하면 그림 2.2와 같다.

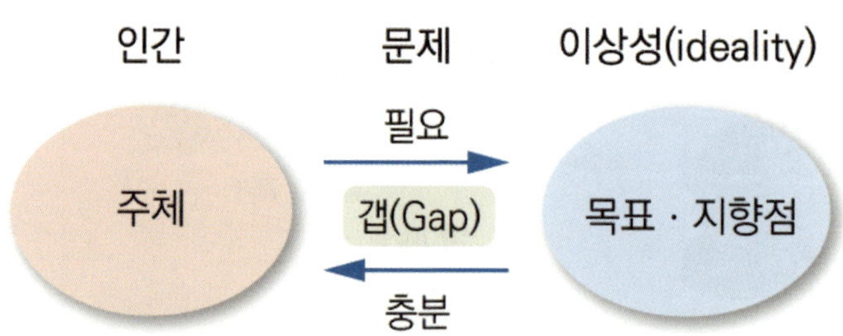

그림 2.2 문제란 무엇인가에 대한 문제정의

1) 이상성(Ideality)

이상성(ideality)은 인간이 필요로 하는 욕구(본능, 속성, 필요성)의 충족이다. 충족이 바로 문제해결의 목표(target)이다. 가장 이상적인 목표 추구인 이상성은 바로 문제의 이상적인 해결책을 의미한다. 예를 들어, 공학적으로 이를 설명하면 다음과 같은 수식으로 표현할 수 있다.

$$\text{Ideality(이상성)} = \frac{\sum Useful\ function(\text{유용한 기능})}{\sum harmful\ function(\text{유해한 기능})}$$

위의 공식에서 보는 바와 같이 이상성은 유용한 기능들의 합을 유해한 기능들의 합으로 나눈 값이다.
자연 환경과 마찬가지로, 일상생활에서 우리가 사용하는 제품, 서비스, 시스템을 비롯한 모든 발명품과 성과물은 유용한 결과와 유해한 결과를 동시에 유발시키는 기능들을 수행한다. 이를 세분하여 분류하면 다음과 같다.

① **유용한 기능 :** 고객이 원하는 모든 기능, 목표로 하는 기능이다. 개선 및 개량을 비롯하여 혁신을 창출한다.

② **유해한 기능 :** 원가를 비롯한 발생 비용, 불량, 각종 공해, 환경오염, 낭비, 불편, 진동 · 소음, 에너지 소모, 손상, 손실, 비효율 등을 유발시키는 원하지 않는 결과와 불필요가 대표적 유해 기능을 일으키는 원인(요소)이다.

그래서 이상성의 목표는 제품, 서비스, 시스템을 비롯한 모든 발명품과 성과물의 유용(유효) 기능을 최대화하면서 유해 기능을 최소화시키는 것이다.
이상적인 해결책이란 위와 같이 정의한 이상성의 값을 무한대(∞)에 이르게 하는 해결책이다.
모든 제품, 서비스, 시스템은 유용한 결과와 비용을 포함한 유해한 결과를 동시에 유발시키는 기능들을 수행한다.
유용한 기능은 시스템에서 원하는 모든 기능이고, 유해한 기능이란 불필요한 시스템의 사용, 공간, 각종 공해, 에너지 소모 같이 시스템이 유발시키는 원하지 않는 결과를 말한다.
이상성의 목표는 우리 실생활에서 적용되며 작동하는 유용한 기능을 최대화하면서 유해한 기능을 최소화하는 것이다.

앞의 공식에서 보면 분자의 유용한 기능을 무한대로 증가시키거나, 분모의 유해한 기능을 0으로 감소시킴으로써 최상의 이상성을 달성할 수 있다.

이상성의 극대값이 바로 이상적인 최종 결과(IFR, Ideal Final Result)이며, 이 목표의 추구가 우리로 하여금 혁신을 일으켜 고정관념을 벗어나게 도와준다.

그러면 문제는 어디서 발생하며, 어떤 것들이 있는지 그리고 그 속성은 어떠한지를 생각해보자.

2) 문제의 발생

① 의식주를 비롯한 삶의 본질에서의 문제의 발생
② 주변 환경 및 생태계 주변에서의 문제의 발생
③ 산업 현장에서의 문제의 발생
④ 현업에서의 문제의 발생
⑤ 일상생활에서의 문제의 발생

등에서 다양하면서도 여러 가지 종류의 문제들이 발생하고 있다.

3) 문제의 속성

또한 문제는 시대에 따라, 환경에 따라, 문명의 성숙에 따라서 속성이 변하고 점차 고도화된다. 이는 인간의 지식이 심오해지고, 지혜가 발전함에 따라 당면하는 문제의 차원도 높아지기 때문이다.

이를 바탕으로 기존 전통적인, 오랜 역사를 가진 '날개 있는 선풍기'에 대한 문제를 인식하고 문제정의를 한다.

4) 문제정의(Definition of problem)

문제정의를 수행하기 위해 기존에 사용하고 있는 선풍기를 살펴보고 실용성과 사용자 경험(UX, User eXperience, 특정 제품이나 서비스를 사용할 때 사용자가 느끼는 총체적인 경험), 가격 경쟁력 등을 다양하게 고려해야 한다.

특히 사용자 경험은 사용자(고객, 소비자를 포괄함)가 어떤 제품, 서비스, 시스템을 직접 또는 간접적으로 이용하면서 실제 체험을 통해 느끼고 생각하게 되는 총체적 경험과 감정을 말한다. 그러나 사용자 경험은 판단하는 사람의 개인적, 신체적, 감정적 특성에 따라 각각 다르기에 어떤 특정 제품이나 서비스에 들어있는 개념이 아니라 사용자에 따라 달라질 수 있기 때문에 객관적보다도 주관적 특성, 즉 '주관성'이 강하다.

또한 어떤 것을 경험하게 될 때 외부적 환경이나 변수에도 영향을 받기 때문에 '연관성(연계성, 맥락성)'도 존재한다. 마지막으로 사용자 경험은 그것을 경험할 때 느껴지는 모든 감정들이 합쳐진 결론적 도출이기 때문에 '총체적(총합적, 전체적)'이라고 표현할 수가 있다.

사용자 경험은 선풍기를 사용할 때 느껴지는 감정과 느낌, 생각 등을 말하는 것으로, 주관적인 성격을 띠고 있어 수치로 환산할 수 있는 것이 아니어서 측정은 어렵지만, 사용자 경험들이 모여 이미지와 평판, 긍정적인 브랜드 가치를 만들어내기 때문에 기업 입장에서는 중요한 부분이라고 할 수 있다.

기존에 널리 사용되는 날개 있는 선풍기의 문제점 분석에 있어서도 이처럼 사용자 경험을 기반으로 분석해 보면 대부분이 공감하고 인식하는 문제점들이 나타난다. 또한 전문가에 의해 과학기술과 공학을 활용한 정량적인 수치로의 측정과 더불어 기술적 판단과 검증 · 평가도 가능하다.

날개 있는 전통적인 선풍기를 사용할 때, 공통적으로 체험하며 느낀 문제점을 제시하면 다음과 같다.

① 외부로 날개가 노출되어 있어 날개가 고속으로 회전할 때 날개 보호망이 없으면 어린 아이들에게 특히 위험하다.
② 날개 있는 선풍기는 날개가 바람개비처럼 돌기 때문에 공기를 비스듬하게 쪼개면서 바람을 만들어 불규칙한 바람이 발생하고, 선풍기 앞에서 소리를 내면 불규칙한 공기의 흐름으로 인해 요동치는 듯한 소리가 생긴다.
③ 자연스러운 바람을 발생시키지 못한다.
④ 균일한 바람을 생성하지 못해 풍량의 손실이 크다.
⑤ 날개가 있어 디자인이 제한되고 선풍기 형상이 정형화되어 있어 디자인 측면에서 미려하지 못하다.
⑥ 분해하기 어려워 청소하기가 불편하다.

5) 문제제시

근본문제(root problem)를 찾아 어떻게 해결할 것인가?

근본문제를 찾기 위해서는 문제제시에 따른 근본원인(root cause)을 심도있게 알아야 한다. 문제가 어떤 원인으로 생기고 나타나는지를 파악해야 그 문제를 해결하거나 대처(즉, 대책이나 대안)할 수가 있다. 더불어 최적의 솔루션(해법)을 만들어 낼 수가 있다.

그림 2.3은 날개 있는 전통적인 선풍기의 다양한 종류를 보여준다.

그림 2.3 선풍기의 다양한 종류

구조의 특징을 살펴보면 다음과 같다.

종래 날개 있는 선풍기는 바람의 효율을 높이기 위한 날개의 형상, 개수 변경 및 구조설계 등이 핵심기술이다.

따라서 '불편에서 혁신을 찾는다'라는 목표(이상성)로, 소비자의 문제점과 불편함을 해소하고 감동을 불러일으키는 신개념, 신기술의 날개없는 선풍기의 출현이 필요하게 된 것이다.

(2) 아이디어 창출

새로운 시각에서 바라보도록 하자. 그리고 해결안을 찾도록 하자.

1) 새로운 시각

비싼 가격에도 과연 가격 대비 성능의 고정관념을 깨고 돌파하는 일반 상식을 뛰어넘는 새로운 개념의 획기적인 선풍기는 없을까?

2) 새로운 개념의 선풍기(날개없는 선풍기)의 특징

사용자 경험(UX)에서의 새로운 시각에서 도출한 새로운 개념의 '날개없는 선풍기'의 특징을 정리하면 표 2.2와 같다.

▶▶ 표 2.2 '날개없는 선풍기'의 특징

아이디어 번호	다양한 각도의 아이디어	관련 사진
①	날개가 없어 안전한 선풍기 - 127년 만의 세상에 없는 신기술 - 고정 관념과 가전의 틀 타파 - 전혀 다칠 염려가 없는 안전성 확보 - 소비자의 조립이 전혀 필요 없는 편의성 - 안전을 위한 선풍기 보호망이 필요 없으므로 미려하고 감각적인 디자인이 가능	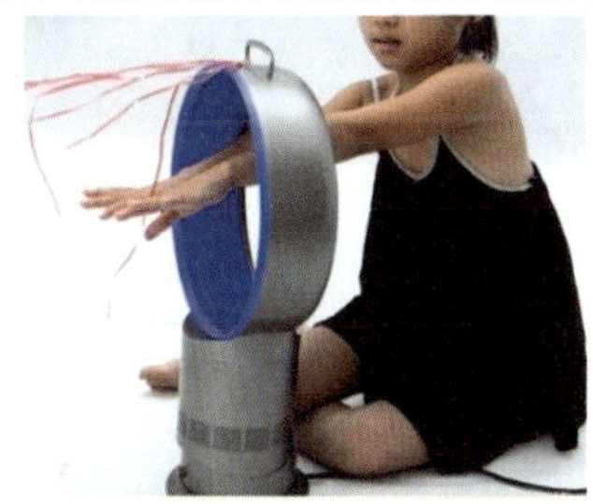
②	은은한 바람과 바람의 손실이 없는 증폭(15배 정도의 풍량 배출) - 선풍기 날개에 의한 바람의 손실이 없음 - 끊김없는 바람으로 은은함 - 자연 바람의 효과 - 선풍기 날개로 인한 소음이 없음 - 바람의 증폭이 가능	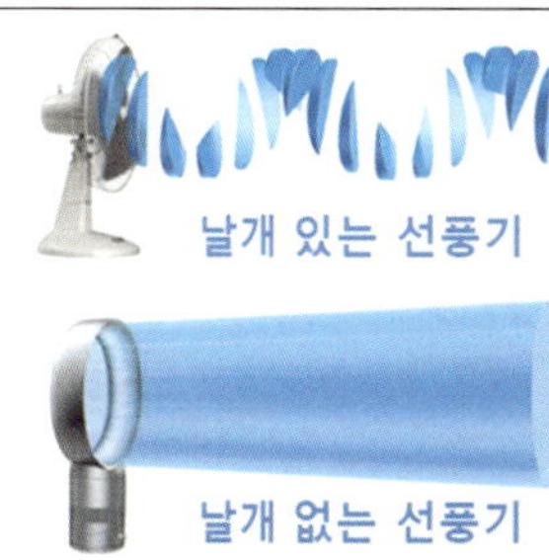
③	청소와 관리가 매우 편리해야 함 - 날개가 없어 청소하기 편함 - 스탠드(stand)에 필터를 사용하면 먼지가 없는 청정 바람을 쐴 수 있음 - 각 부품이 모듈화되어 있어 관리 및 유지, 보수도 편리	
④	디자인이 독특하고 인테리어와 적합한 가전(심미적 디자인) - 디자인 가전으로 새로운 트렌드 - 성능과 더불어 가심비 유발 - 차별화된 디자인으로 다양한 형태의 디자인 가능 - 인테리어 가전의 효시	

(3) 아이디어 – 개념설계(Concept design)에 의한 분석 · 평가

아이디어 분석 · 평가는 객관적인 기술검토와 기술혁신 판단의 기초가 된다. 아이디어의 분석은 기술의 차별성을 비교하는 것으로 국내뿐만 아니라 세계적 선행기술과의 비교분석이며, 아이디어 평가는 기술 구현의 가능성에 대한 검토이다.

1) 기본 조건

개념설계로 분석 · 평가를 하기 위한 기본 조건에 있어 주요 핵심기술을 구성하는 주요 조건은 다음과 같다.

① 날개없는 선풍기의 원리는 바로 원기둥 모양의 스탠드 구조

- 스탠드(stand) 안에 비행기에서 볼 수 있는 제트엔진을 연상시키는 날개와 모터가 탑재(실장)되어 있다.
- 흡입한 공기를 압축시켰다가 내뿜는 제트엔진의 원리를 이용하여 공기를 끌어들이는 방식이다.

② 내장된 날개와 전기모터의 작동으로 동작

- 날개가 없다보니 모터까지 없다고 오해할 수 있지만, 스탠드 안에 내장된 날개(에어포일, airfoil, 양력을 최대화하고 항력을 최소화하도록 만든 유선형의 날개 단면)와 전기모터를 작동시켜 아래쪽 공기를 흡입하고 속이 비어 있는 둥근 고리 형상의 날개로 바람을 올려보내는 방식이다.
- 위로 올려 보내진 바람은 고리 원주에 형성된 고리의 작은 틈(단면으로 보면, 갈고리 형상으로 노즐이라고도 한다)으로 빠져나오고 바람이 빠지면서 고리 안쪽과 주변 공기 사이에 압력 차이(압력차)가 발생한다. 이때 둥근 고리 안쪽의 압력이 낮아지면서 선풍기의 주변 공기가 빠르게 고리 주변을 통과한다. 즉, 압력차로 주변의 바람을 밀기 때문에 바람이 발생하는 원리이다.

③ 과학기술의 원리 적용

그림 2.4는 어떻게 날개가 없이도 선풍기에서 바람이 나오는지를 보여주는 과학원리가 적용된 개념도이다.

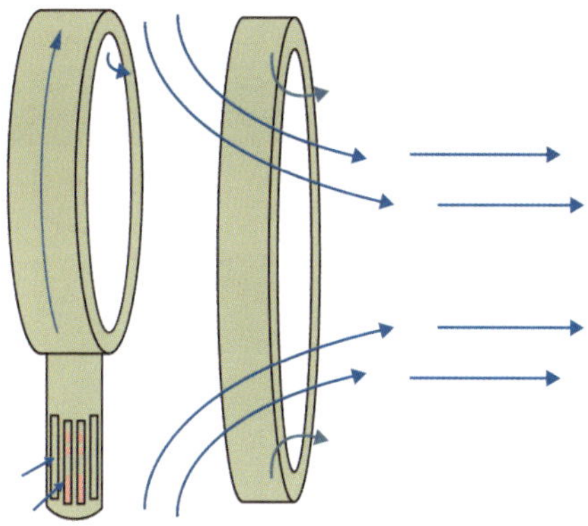

〈과학원리에 의한 자연 에너지의 재활용이 핵심기술〉
- 외부에서 스탠드로 흡입된 공기를 고리로 된 링으로 순환(에어 서큘레이터)
- 링의 내부 원주면에 작은 홈 형상의 노즐에서 순환 공기가 빠르게 토출(배출)
- 베르누이(Bernoulli)의 원리에 의한 링 원주부와 외부 사이에 속도차와 그에 따른 압력차가 발생
- 압력차에 의한 링의 내부로 외부 공기의 유입
- 공기의 흐름으로 선풍기 역할을 수행

그림 2.4 날개없는 선풍기에 적용된 과학기술의 원리

2) 과학원리 및 공학기술

그러면 다이슨(Dyson)은 어떠한 과학원리와 공학기술을 활용해 4년간에 걸친 연구개발로 세계 최초로 날개없는 선풍기를 발명해, 상품화를 시켰는지를 제품에 스며있는 과학기술, 즉 과학원리와 공학기술에 대해 자세히 알아보기로 한다.

① 과학원리 및 공학기술을 활용하여 도출된 아이디어를 분석

표 2.3은 '날개없는 선풍기'에 적용된 과학원리 및 공학기술의 핵심을 정리한 내용이다.

▶▶ 표 2.3 날개없는 선풍기에 적용된 과학원리 및 공학기술

핵심기술	적용 내용	관련 사진
에어 서큘레이터 (Air circulator, 공기순환장치)	- 비행기의 제트엔진을 연상시키는 팬(fan)과 모터(제트엔진의 원리 이용) - 원기둥(원통) 모양의 스탠드(stand)인 원통 안에 설치된 전기모터가 고속 회전하면서 하단 작은 공기구멍(ventilation hole)을 통해 주변의 공기를 빨아들여 몸체 윗부분의 링 고리 쪽으로 보낸다.	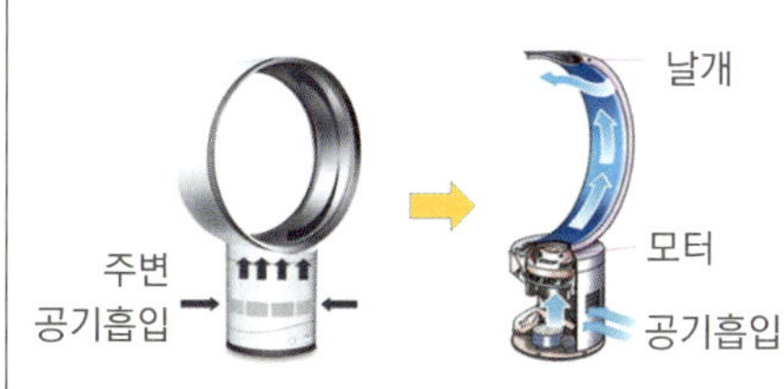

▶▶ 표 2.3 날개없는 선풍기에 적용된 과학원리 및 공학기술

핵심기술	적용 내용	관련 사진
베르누이 원리 (Bernoulli's principle)	- 링 고리는 비행기 날개 모양(에어포일, airfoil)을 참고하여 형상을 구성하였고, 그 핵심기술에는 베르누이 원리가 적용된다. - 베르누이 원리는 속도가 빠르면 압력은 낮아진다. 이 원리를 적용해 보면 빠른 속도로 흡입된 공기가 고리(링, ring) 안쪽의 작은 틈(단면을 보면 갈고리 모양으로 노즐 역할)으로 빠져나오게 되는데, 이때 빠른 속도로 인해 주변 외부 공기보다 압력이 낮아지게 된다. 따라서 링 고리 내부와 외부와의 압력차로 인해 압력이 높은 외부 공기가 압력이 낮은 링 고리 안으로 유입돼 바람이 발생하는 것이다.	①  ② 베르누이 원리(Bernoulli's principle) 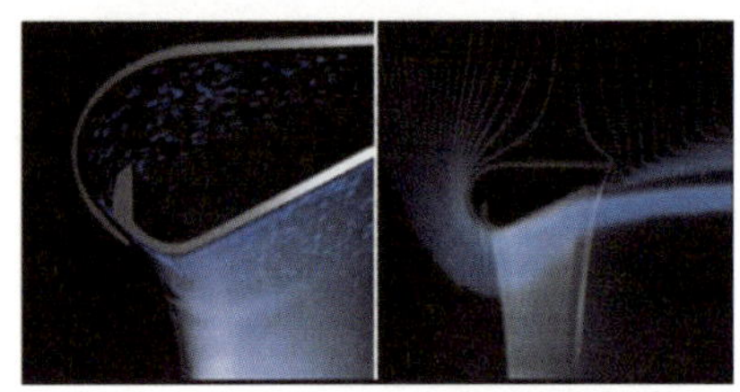 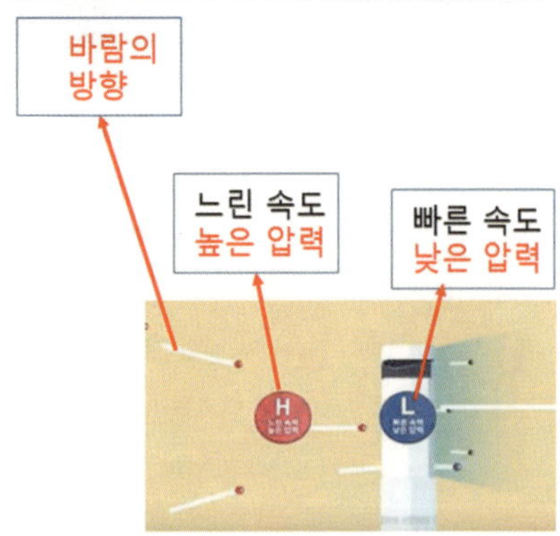

▶▶ 표 2.3 날개없는 선풍기에 적용된 과학원리 및 공학기술

핵심기술	적용 내용	관련 사진
제트엔진 (에어 멀티플라이어)	- 많은 양의 공기를 흡입하고 배출구로 빠르게 이동시키기 위해 다이슨 선풍기는 제트기와 비행기 엔진에 사용되는 제트엔진의 방식을 적용하였다. 우선 제트엔진의 원리는 공기를 흡입하고 압축하여 연료와 더해져 폭발을 일으켜 최종적으로 그 힘을 배출하여 운동하는 원리인데, 다이슨은 여기에서 공기를 흡입하는 방식을 참고하여 비행기 앞부분의 흡입 팬 형상을 적용했다. 다이슨의 제품에는 외관적으로 날개 형상은 없지만, 내부에 선풍기 날개와 같은 흡입팬이 존재한다.	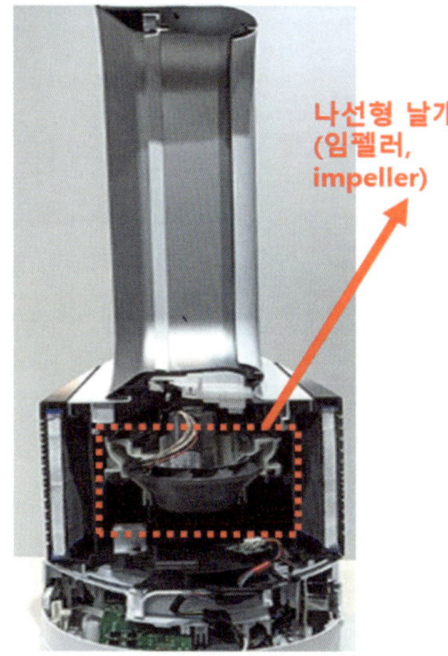 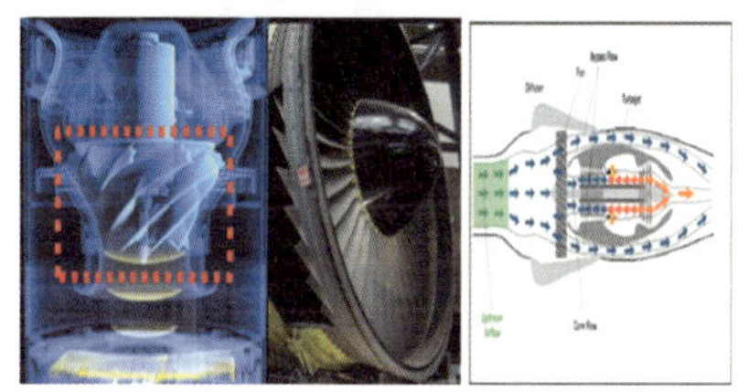
	- 다이슨의 특허기술 중 하나는 공기 흐름의 속도를 몇 십배 더 빠르게 하는 기술이다. 에어 멀티플라이어는 엔진의 폭발력을 높이기 위해 회전 날개로 외부에서 공기를 끌어들이는 비행기의 제트엔진, 자동차의 터보차저엔진의 동작을 응용했다. 예를 들어, 비행기의 양쪽 날개에 부착된 제트엔진에는 공기를 빨아들이는 스크루(screw) 날개가 장착되어 있다. - 제트엔진은 공기를 엔진 내부로 빨아들인 뒤 분사된 연료를 폭발시켜 고온의 기체를 엔진 뒤쪽으로 배출한다. 이 기체는 비행기의 추진력이 된다. 에어 멀티플라이어는 엔진처럼 폭발은 없지만 날개의 회전으로 공기를 빨아들여 배출한다는 점에서는 제트엔진과 비슷한 원리이다.	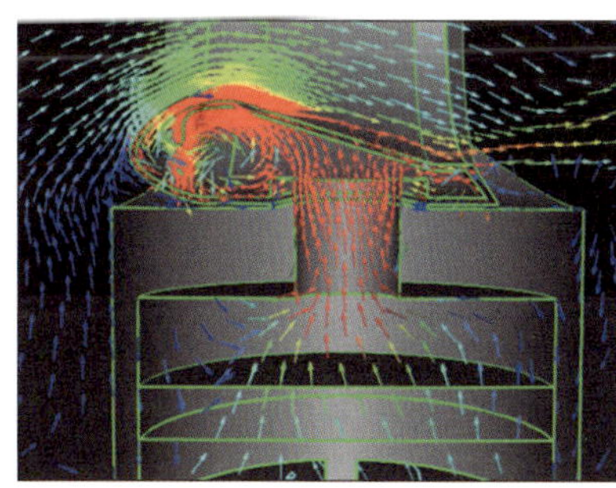

▶▶ 표 2.3 날개없는 선풍기에 적용된 과학원리 및 공학기술

<table>
<tr><th>핵심기술</th><th>적용 내용</th><th>관련 사진</th></tr>
<tr>
<td>코안다 효과
(Coanda effect)의
구조설계</td>
<td>- 물이나 공기 같은 유체가 굽은 표면을 통과할 때 이들이 표면에 들러붙는 현상을 말한다.
- 이 효과에 따라 다이슨 선풍기의 좁은 틈에서 생성된 바람은 링 부분의 비스듬한 면(엄밀히는 곡선면)을 타고 압력차에 의해 고기압에서 저기압으로 흐르게 되게끔 구조설계를 하였다.</td>
<td>코안다 효과 구조설계
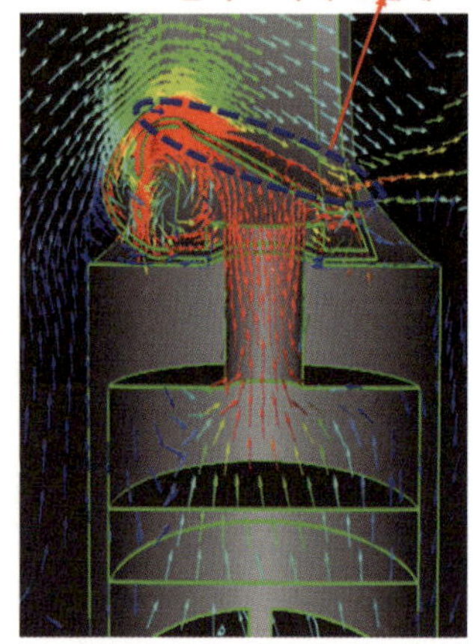</td>
</tr>
<tr>
<td>헬름홀츠
공명효과
(모터 소음 해결)</td>
<td>- 기존 선풍기와 다르게 스탠드(stand)의 통풍구멍(공기구멍)에서 공기를 흡입하여 링 고리의 노즐 틈에서 바람을 배출하는 타입으로, 보다 강한 모터의 힘이 필요하다. 이는 공기의 흡입력을 크게 하기 위해서이다.
- 따라서 공기의 흡입을 좋게(세게) 하기 위해서는 고(高) RPM(Revolutions Per Minute, 분당 회전수)으로 모터가 회전하게 되는데, 이때 모터에 설치되어 있는 멀티플라이어의 날개, 즉 공기를 상층까지 보내주는 기능을 하는 날개와 모터에서 소음이 발생하는 현상이 생긴다.
- 소음이 발생되는 이유는 고(高) RPM으로 공기를 흡입하다 보니 스탠드 원통기둥의 공기구멍(ventilation hole) 주변에서 1,000Hz 주파수 대역의 소음이 발생되는 것이었다[저풍(약한 바람)에서는 소음이 거의 없으나 고단의 고풍(강한 바람)으로 갈수록 심해진다].
- 이 소음을 줄이기 위해 ‘헬름홀츠 캐비티(Helmholtz cavity)’를 활용한 디자인을 적용하여 소음을 초반보다 약 75% 줄였지만, 강한 바람으로 설정하면 아직도 기존의 선풍기보다는 소음이 발생한다는 사용자들의 불편사항이 여전히 발생하고 있는 상황이다.</td>
<td>
</td>
</tr>
</table>

▶▶ 표 2.3 날개없는 선풍기에 적용된 과학원리 및 공학기술

핵심기술	적용 내용	관련 사진
	- '헬름홀츠 캐비티(Helmholtz cavity)'를 적용한 설계 기술은 주로 고급 자동차의 배기에 적용하는 디자인이며, 소음을 공명음을 활용하여 줄이는 과학원리이다. 즉, 발생되는 소음을 또 다른 소음에 의한 공명으로 상쇄시켜 잡는 방식이다. - '헬름홀츠 캐비티(cavity, 구멍)' 기술은 19세기 과학자 헤르만 폰 헬름홀츠(Hermann von Helmholtz, 1821~1894년)가 밝힌 '헬름홀츠 공명' 현상을 역으로 이용한 것으로 역발상의 결과이다.	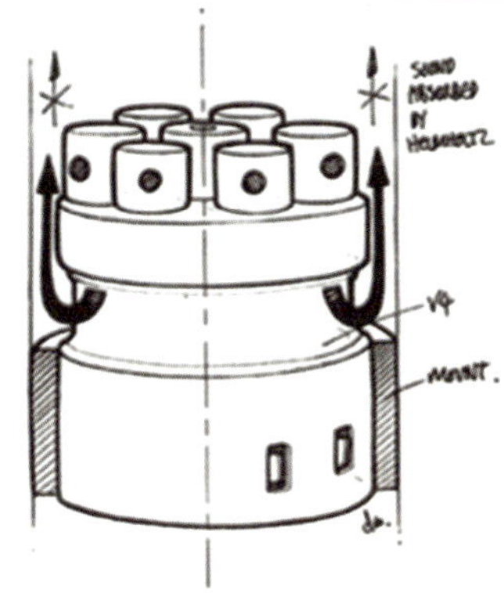 헬름홀츠 캐비티 (Helmholtz cavity)
링(Ring) 구조설계	- 비행기의 날개 모양을 응용한 구조설계이다. 비행기 날개 모양으로 유선형 링고리 홈의 틈(노즐 역할, nozzle)으로 바람이 흘러나오면, 바람은 날개의 표면을 타면서 흐르고 그 흐름의 경계의 공기도 같이 흐르면서 흐름의 양이 증폭되는 원리이다.	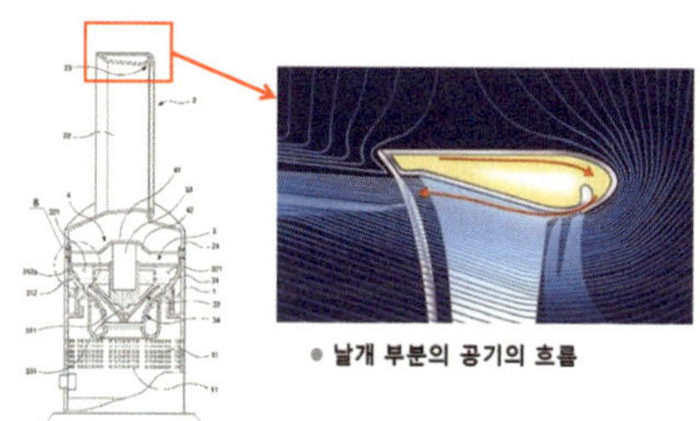 ● 날개 부분의 공기의 흐름  링(Ring, Band) 구조와 단면
임펠러 모터 (Impeller motor)	- 임펠러: 물이나 증기 따위를 받아서 그 힘으로 바퀴를 회전시키기 위하여 수차나 터빈 등의 회전축에 날개를 단 것.	

표 2.3 날개없는 선풍기에 적용된 과학원리 및 공학기술

핵심기술	적용 내용	관련 사진
임펠러 모터 (Impeller motor)	- 작동원리: 하부의 임펠러(impeller)가 모터에 의해 구동되어 주변의 공기를 흡입한다. - 흡입한 공기는 관로를 따라 비행기 날개 형상의 둥근 링고리 내부로 이동한다. 그리고 링고리에서 순환하며 공기를 내보낸다(배출한다).	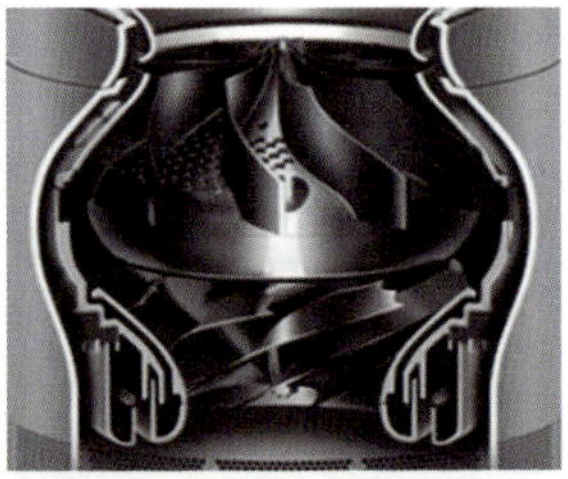 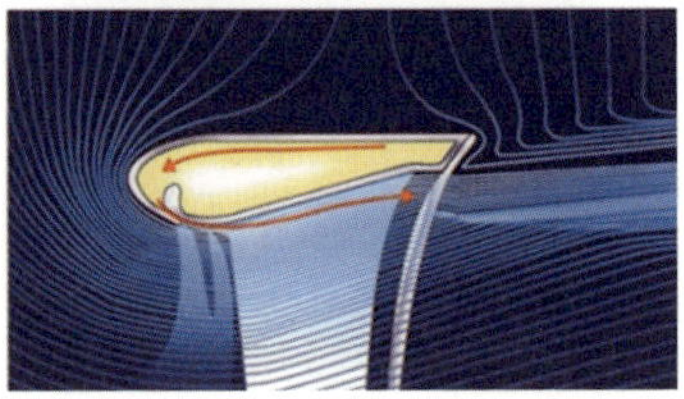

3) 특허기술

① 특허기술을 활용하여 도출된 아이디어를 분석

'날개없는 선풍기'의 발명과 상용화 개발과 제품생산은 다음과 같은 2가지의 큰 특징을 가지고 있는 사례연구이다.

- '날개없는 선풍기'의 핵심 아이디어가 다음에서 설명하는 특허기술과 연관된다(원천특허의 모방과 활용). 이는 전 세계 특허를 검색하고 분석한 결과를 활용하고, 획기적으로 개선 및 개량하여 제품화에 성공한 사례이다.
- 소멸(또는 휴면) 특허기술을 발굴한 선견지명(예리한 통찰력)과 도전적 · 획기적으로 개량하여 독창성을 확보한 경우로, 원천특허의 모방과 이를 적극적으로 응용하여 세계 최초의 제품을 만든 원천특허 · 핵심특허 기반의 기술사업화(IP-R&D & IP-R&BD)의 전형적인 모범 사례라고 본다.

표 2.4에서는 앞에서 설명한 전 세계에 출원된 특허기술을 활용하여 도출된 아이디어를 분석한 내용을 자세히 설명하였다.

② 원천기술의 활용(IP를 활용한 개념설계)

▶▶ 표 2.4 원천기술의 활용

핵심특허	내용	관련 설명
일본에서 세계 최초로 특허출원 및 원천기술의 활용(IP를 활용한 개념설계)	- '날개없는 선풍기'의 최초 특허는 1980년 5월 일본의 기업 '도쿄시바우라전기주식회사(현재 도시바, Toshiba)'이지만 결과적으로 특허등록을 받지 않았고, 제품화도 되지 않았다. - 2008년 영국의 기업 다이슨(Dyson)이 영국특허를 우선권으로 하여 세계 여러 국가에서 특허를 등록받아 '날개없는 선풍기'에 대한 독자적인 기술을 보호받을 수 있게 되었다. - '날개없는 선풍기'를 최초로 상품화한 것은 다이슨이지만, 유사한 아이디어나 특허는 예전부터 존재했음을 특허검색을 통해 알 수 있다.	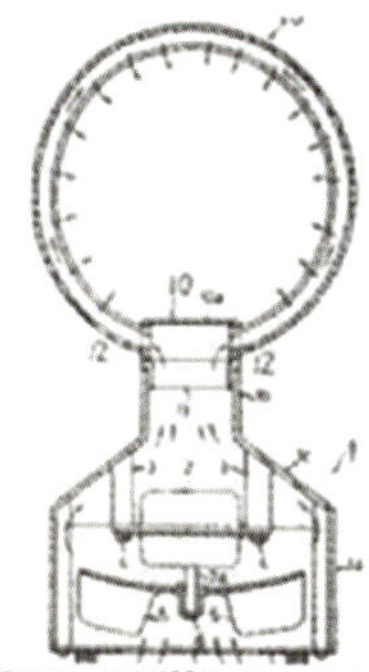 Tokyo Shibaura patent (1981) Photo UK INTELLECTUAL PROPERTY OFFICE 도시바의 특허출원 대표도면
	- '날개없는 선풍기'는 1980년 일본에서 최초로 개발하여 각국에 특허를 출원하였으나, 소형화가 되지 못하고 또한 기술적 구현에 있어 여러 어려움을 겪어, 도시바는 특허유지비(이를 연차료라 한다)만 내고 특허권리(소유권)를 일정 기간 유지하다가 특허가 소멸(만료)되었다. 이후 영국의 청소기 전문기업 다이슨에서 이의 특허기술 및 원리를 모방하여 새로 개략 · 개발하여 특허를 출원했는데, 이 발명이 선행기술에서 진보된 발명인지는 아직도 논란이 있어 특허소송이 현재 여러 나라에서 진행 중에 있다. - 이와 유사한 제품이 판매되어 다이슨 본사는 한국이나 중국산 제품이 특허권 침해라고 주장한다. 반면 한국과 중국 기업은 다이슨 특허는 특허 대상이 아니라거나, 자사의 제품은 도시바의 원천기술만 이용한 것이라고 주장하고 있다.	

* IP(Intellectual Property, 지식재산권 · 지적재산권)
R&D(Research and Development, 연구개발)
R&BD(Research and Business Development, 사업화연계 기술개발)

4) 선행 특허조사자료

① 특허조사자료

특허(patent)는 새로운 기술을 만들어 내는 발명으로 지식재산이다. 창의적이고 선도적이며, 혁신성을 가진 발명이나 기술이 공개되어 있기에 전 세계에서 출원되거나 등록된 특허를 조사하여 비교 · 분석해 보면 개발하고자 하는 기술과의 차이, 즉 차별성을 파악할 수 있다. 또한 특허기술의 유형과 내용을 파악하여 새로운 진보된 기술로의 아이디어를 구할 수 있기에 중요하다. 이런 목적이 바로 선행특허기술의 조사이며 검색이다.

발명특허를 구성하는 기술(즉, 구성기술)을 조사, 검색, 파악, 이해, 활용과 응용을 통해서 새로운 아이디어를 얻고 이를 개선, 개량, 고도화, 새로운 기술로 응용함으로써 새로운 발명기술을 창출할 수가 있다.

작동되는 과학원리는 같기에 기존 특허기술을 잘 활용하면 구조, 메커니즘, 하드웨어 등에 있어 혁신적 파괴도 가능하다. 따라서 특허는 기술정보를 공개함으로써 관련 산업분야의 기술발전에 기여할 수 있도록 한 지식재산인 것이다.

특허권리를 얻기 위해 충족시켜야 할 발명의 기본 요건은 다음과 같다.

- 발명의 성립성 : 자연법칙을 이용한 고도한 것이어야 한다(고도화된 기술).
- 산업에의 적용 가능성 : 산업에서 이용 가능해야 한다. 즉, 상용화 가능성을 가져야 한다.
- 진보성 : 쉽게 생각하기 어려운 진보성이 있어야 한다(기존 것보다 앞선 기술).
- 신규성 : 기존에 없던 새로운 것이어야 한다(새로운 기술).

② 특허기술의 비교 및 차별성 검토

기존 특허출원 및 등록된 건들에 대한 선행특허 조사를 통하여 차별성을 검토해 보면, 새로운 제품이나 서비스를 어떻게 창출할 것인지에 대한 시사점(insight)을 제시해 준다.

각 국가별 선행특허 조사내용에 대한 시사점을 알 수 있다. 우선 다이슨(Dyson)이 세계 최초로 어떻게 '날개없는 선풍기'를 발명하고, 산업분야에서 제품으로 상용화를 했는지에 대해 특허기술적으로 그 과정을 상세히 기술하였다.

그리고 각 나라에서 특허를 출원하고 특허로 등록된 기술의 핵심(핵심기술이라 언급해도 무방하며, 기술의 차별성을 의미한다)을 자세히 정리하여 도표로 비교하여 제시하였다.

특허(특허를 구성하는 기술)를 검토하고, 분석하고 여기에 다양한 과학원리와 공학기술을 응용하여 적용한다면 어떤 부분에 있어 이런 부분에 대한 개선 · 개량, 추가 연구가 필요하고, 또한 고도화된 획기적인 개선 · 개량에 있어 후속 최적화된 연구개발과 설계를 해야 한다는 사실을 깨닫고 알게 된다.

5) 국가별 선행 특허조사 - 유사 특허 등 포함

① (다이슨 특허조사자료) 원형 링(Ring) 형상

다이슨 사(社)는 영국에서 가장 먼저 특허출원 및 권리등록을 하였다. 특허에 대한 특징을 분석해 보면 다음과 같다.

- 일본의 특허를 모방 후 획기적으로 개선·개량하여 세계 최초로 상용화시킨 독창적 사례이다.
- 모방특허의 고도화 및 상용화의 본보기이다.
- 모방특허의 완성도를 높인 기술의 업그레이드(upgrade)이다.
- 새로운 원천 특허기술을 확보하여 계속 연관특허(파생특허)를 출원하고 사업화에 적용하였다.
- '날개없는 선풍기'에 적용된 원천기술이며 핵심기술인 과학원리를 여러 형태의 '날개없는 선풍기' 제품을 비롯하여 진공청소기, 링(ring) 타입의 헤어드라이어(hair dryer), 공기청정기 등에 적용하여 계속 신기술의 새로운 제품을 출시하고 있다.
- 보다 성능을 좋게 하고, 동작성과 효율성을 비롯한 품질을 향상시키기 위해 완제품(set)뿐만 아니라 구동 핵심부품과 시스템을 개선·개량하기 위한 핵심요소기술(CTE : Critical Technology Element)에 대한 기술개발을 확대하고 있으며, 이에 대한 특허출원도 확산하고 있다(원천 및 핵심특허의 확보와 포트폴리오 구축).
- 특허의 주요점은 과학의 원리를 응용하고, 공학기술을 적용한 융복합 원천특허이며 회피설계가 어렵다는 점이다.
- 특히 신규성(기존에 없던 새로운 것)이 강조된 새로운 기술의 제품이다.

② (다이슨의 특허 전략) 선행특허 조사내용

분할특허출원 전략을 활용하여 전 세계에 특허출원(개국 신입)을 했고, 지금도 계속 출원을 진행 중에 있다. 그 핵심 내용은 다음과 같이 정리할 수 있다.

- 개념적인 핵심특허는 동일함
- 문제점의 개선 및 개량을 통한 상세기술 특허로 포트폴리오 전략 추구
- 기타 '날개없는 선풍기'에 관한 특허는 대부분 부가기술 특허가 주됨

분할특허출원(특허분할출원)은

> 여러 개의 실체를 가지는 발명에 있어 하나의 출원을 한 경우, 그 출원의 내용 중 일부에 대해 범위(청구범위)를 나눠서 별도로 출원하는 것이다. 이는 하나의 출원으로 둘 이상의 특허를 등록할 수 있으며 거절의 위험을 피할 수 있는 장점이 있다. 또한 분할출원은 1차 원출원과 독립된 별개의 출원으로 보기 때문에 원출원이 거절, 무효, 취하가 되더라도 영향을 받지 않는다.
>
> 여기서 1차 원출원은 특허를 출원 중이거나 또는 특허를 출원 후 등록을 받은 것을 의미하며, 그것을 다시 분할출원할 수가 있다.

표 2.5에 세계 각 나라가 출원한 '날개없는 선풍기'에 대한 선행특허의 조사 및 기술요약 내용을 상세하게 비교 · 정리하여 기술하였다.

표 2.5 세계 각 나라의 선행특허의 조사 및 기술요약(날개없는 선풍기)

관련 국가 (회사명)	주요 내용	관련 그림
미국	- 시사점 : 2007년 영국에서의 출원을 바탕으로 총 45건의 특허가 출원되었으며, 현재까지도 심사 중인 건이 있다. 계속적인 분할출원을 진행해서 특허의 수를 확장하였고 특허권리를 확보하고 있다. - 미국에서 출원된 초기 특허이다. - 기술적 내용은 영국에서 출원된 특허와 동일하다. - 영국에서 최초 특허등록을 받은 것이 효과를 내고 있다. - 세계적인 가전시장을 갖는 미국을 비롯한 전 세계로의 특허를 확장, 출원하고 있다(특허 포트폴리오 전략).	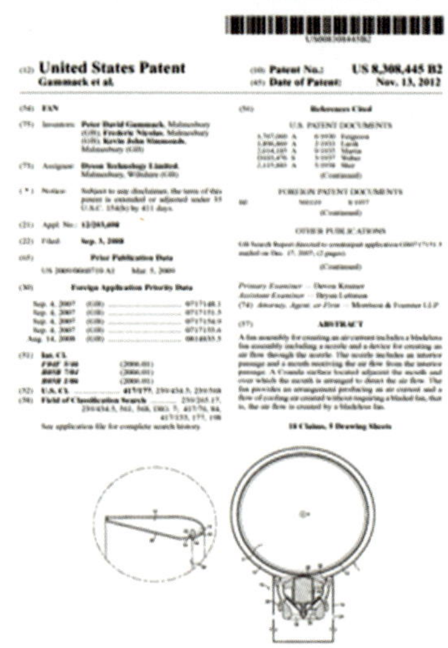 United States Patent Gammack et al. Patent No.: US 8,308,445 B2 Date of Patent: Nov. 13, 2012
한국 (다이슨 테크놀러지)	- 날개없는 선풍기는 상대적으로 균일한 공기의 흐름을 제공할 수 있으며, 구조적으로 원형 형상의 제약을 받지 않는다. 즉 원형, 환형 등으로 제작이 가능하기에 기존 선풍기보다 공간의 제약을 덜 받는다. 또한 1차, 2차 공기 흐름의 동반작용으로 1차 공기 흐름이 5배, 2차 공기 흐름이 10배로 증폭된다.	

▶▶ **표 2.5　세계 각 나라의 선행특허의 조사 및 기술요약(날개없는 선풍기)**

<table>
<tr><th>관련 국가
(회사명)</th><th>주요 내용</th><th>관련 그림</th></tr>
<tr><td>한국
(다이슨
테크놀러지)</td><td>- 시사점 : 세계적 가전시장은 아주 크기 때문에 계속적인 분할 출원을 진행해서 세계적으로 특허의 수를 확장하였고, 특허 권리의 확보를 추구하고 있다.
- 관련 그림은 개량 특허기술로 단지 날개없는 선풍기의 스탠드 높이를 조절하는 스탠드 높이조절 장치를 구비한 것이다. 여기서는 2단 구성의 구조이다.
- 이는 단지 기술의 개량으로 진보성이 있을 뿐이다.
- 신규성은 없다.
- 그리고 특허기술에 있어 특별한 차별성도 없다.
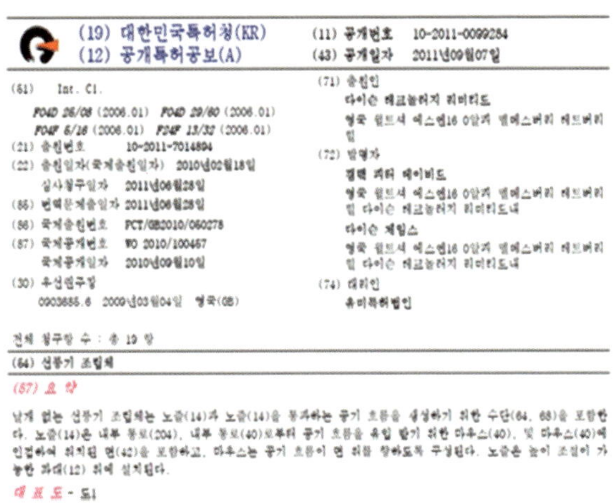
공개특허 10-2011-0099284
(19) 대한민국특허청(KR)
(12) 공개특허공보(A)
(11) 공개번호 10-2011-0099284
(43) 공개일자 2011년09월07일
(51) Int. Cl.
F04D 25/08 (2006.01) F04D 29/60 (2006.01)
F04F 5/16 (2006.01) F04F 13/32 (2006.01)
(21) 출원번호 10-2011-7014894
(22) 출원일자(국제출원일자) 2010년02월18일
심사청구일자 2011년06월28일
(85) 번역문제출일자 2011년06월28일
(86) 국제출원번호 PCT/GB2010/050278
(87) 국제공개번호 WO 2010/100457
국제공개일자 2010년09월10일
(30) 우선권주장
0903685.6 2009년03월04일 영국(GB)
(71) 출원인
다이슨 테크놀러지 리미티드
영국 윌트셔 에스엔16 0알져 맘스버리 테트버리 힐
(72) 발명자
젤렉 피터 데이비드
영국 윌트셔 에스엔16 0알져 맘스버리 테트버리 힐 다이슨 테크놀러지 리미티드내
다이슨 제임스
영국 윌트셔 에스엔16 0알져 맘스버리 테트버리 힐 다이슨 테크놀러지 리미티드내
(74) 대리인
유미특허법인
전체 청구항 수 : 총 19 항
(54) 선풍기 조립체
(57) 요 약
날개 없는 선풍기 조립체는 노즐(14)과 노즐(14)을 통과하는 공기 흐름을 생성하기 위한 수단(64, 68)을 포함한다. 노즐(14)은 내부 통로(204), 내부 통로(40)로부터 공기 흐름을 유입 받기 위한 마우스(40), 및 마우스(40)에 인접하여 위치된 면(42)을 포함하고, 마우스는 공기 흐름이 면 위를 향하도록 구성된다. 노즐은 높이 조절이 가능한 좌대(12) 위에 설치된다.
대 표 도 - 도1</td><td>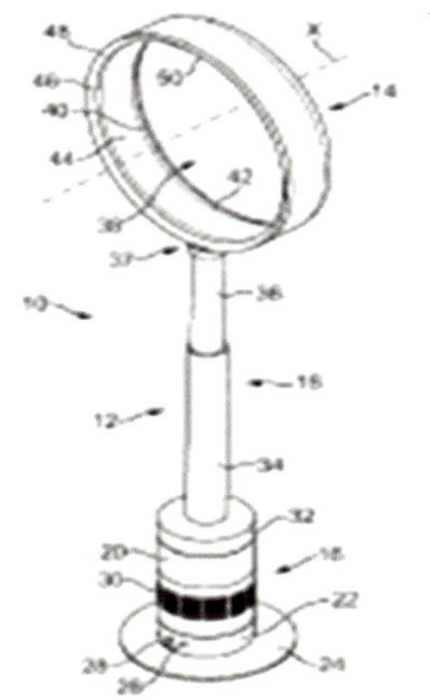</td></tr>
<tr><td>일본</td><td>- 시사점 : ‘날개없는 선풍기’의 최초의 특허는 1980년 ‘도쿄시바우라전기 주식회사(도시바, Toshiba)’지만 결과적으로 특허등록을 받지도 않았고 또한 제품화되지 않아 사장(소멸) 특허가 되었다.
- 일본은 세계적 개념특허를 내놓았지만, 그 기술적 가치를 알지 못했다. 또한 그 당시 기술의 구현성에 대한 확신도 없었고, 향후 예상되는 시장의 수요에 대한 예측도 전혀 없었다.
- 단지 일본은 원천 아이디어만 제공해 공개된 특허 아이디어를 잘 가꿔 그 과실을 영국의 다이슨이 얻은 것이다.</td><td>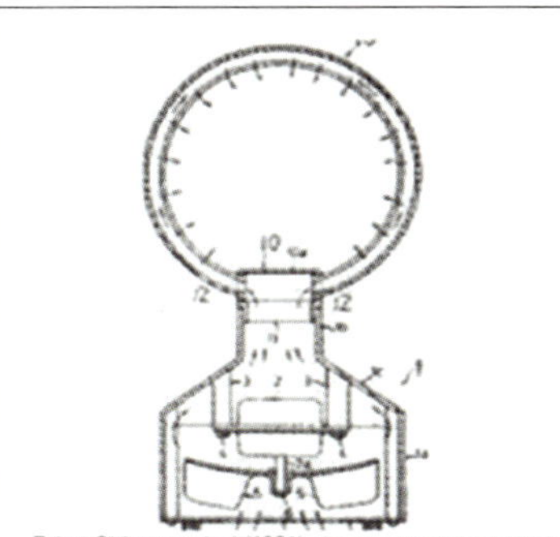
Tokyo Shibaura patent (1981) Photo UK INTELLECTUAL PROPERTY OFFICE
▲ 도시바의 특허 출원 도면</td></tr>
</table>

▶▶ 표 2.5 세계 각 나라의 선행특허의 조사 및 기술요약(날개없는 선풍기)

관련 국가 (회사명)	주요 내용	관련 그림
영국 (다이슨)	- 최초 다이슨의 '날개없는 선풍기(fanless fan)'의 특허는 2007년 9월 4일 시작되었다. - 영국에서 최초 출원되었으며, 이를 바탕으로 각국에 특허출원을 진행하였다. 원래 가전제품의 경우 수요국층이 넓기 때문에 되도록 많은 국가에 출원하는 것이 일반적이며, 다이슨의 경우 계속적인 분할출원을 진행해서 특허의 수를 확장하였다. - 2007년 출원을 바탕으로 총 45건의 특허가 출원되었으며, 현재까지도 심사 중인 건이 있다. - 시사점 : 일본에서 소멸된 특허를 다시 살리고 개선 · 개량하여 세계 최초로 상용화시켰다. - 영국 특허출원 당시 처음에는 이 특허로 인한 등록이 거절되었지만, 향후 영국특허를 등록받은 후 이를 우선권으로 하여 세계 여러 국가에서 특허를 등록받아 날개없는 선풍기에 대한 독자적인 기술을 보호받을 수 있게 되었다. - 시사점 : 날개없는 선풍기에 대한 개량특허를 영국에서 출원하여 개량특허의 우선권 주장 및 특허권리를 확보하였다. 개념특허를 특허 등록받아 상용화시킨 첫 사례이며, 향후 개념설계 R&D(연구개발)에 응용 가능하다.	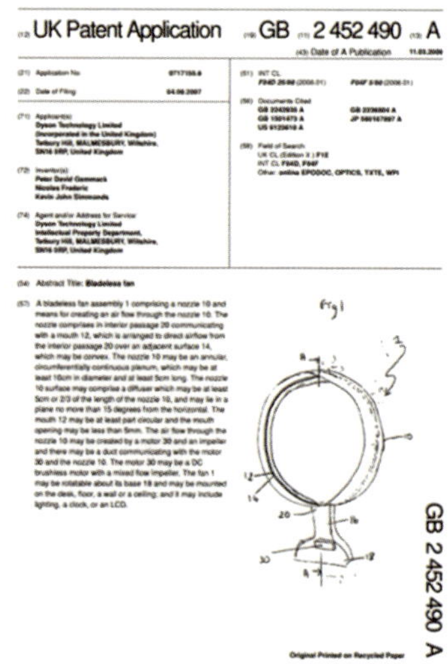
미국	- 특허자료를 분석해 보면 초기 원형 모델의 문제점을 개선하기 위함으로 판단된다. 모터는 일정한 속도로 작동하며, 동심원 형태로 총 3개의 날개(즉, 링고리)와 노즐(nozzle)로 균일한 흐름으로 공기가 이동하게 된다. 이로써 가장 바깥 쪽까지 일차 제품의 노즐에 안쪽에 추가된 링고리 내부 2개의 노즐까지 더하여 원형 중앙부(중심부)에서도 바람을 나오게 보완한 특허기술이다. 추가적으로 바람을 발생시키며 바람의 양을 늘렸다. - 시사점 : 중앙에서 바람이 나오지 않는 문제를 해결하기 위해 동심원에 링 노즐을 추가한, 새롭게 개선된 특허로 원리는 동일하다. 기술의 개량특허에 해당한다. 중앙 부분에서 바람이 발생하지 못하는 문제점을 단지 해결한 것뿐이다. 날개없는 선풍기에 대한 성능 및 효과 향상을 위한 개량기술 및 응용 제품이 앞으로도 계속 나올 수 있다는 것을 확인할 수가 있다.	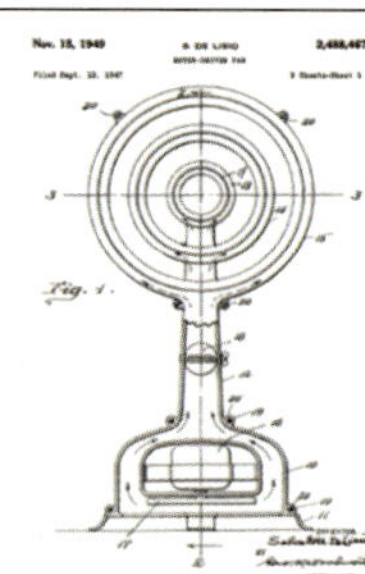 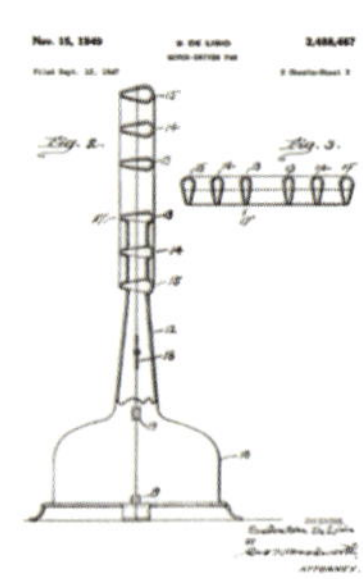

표 2.6에서 보여주는 날개없는 선풍기에 대한 특허의 비교·분석을 살펴보면 핵심기술이 되는 과학원리와 공학기술은 거의 같다는 사실이다.

예시로 제시하는 여러 특허들은 단지 현재 날개없는 선풍기가 베르누이의 원리에 의해 정중앙 부위에서는 바람이 나오지 않는 현상(즉, 문제점)을 개선하거나, 공기 흡입력을 증가시키거나, 분해 및 조립이 원활하도록 한 조립성 향상, 사용 편의성 향상, 스탠드 또는 원형 링고리의 부분적 구조 변경 등을 통한 성능 개선 및 품질 향상에 주안점을 두고 있다.

이는 단지 개선 및 개량을 위한 특허기술일 뿐이다. 그다지 차별성도 없고, 혁신성도 없다고 본다.

표 2.6 '날개없는 선풍기' 관련 여러 특허의 예시

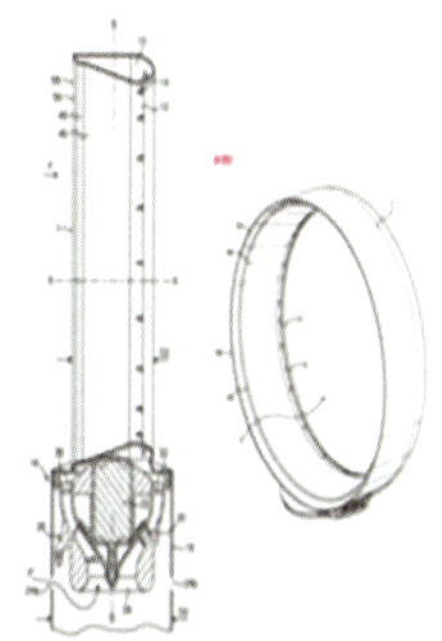	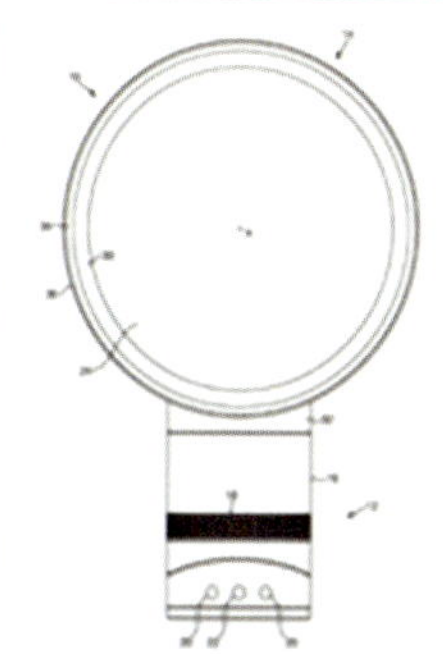	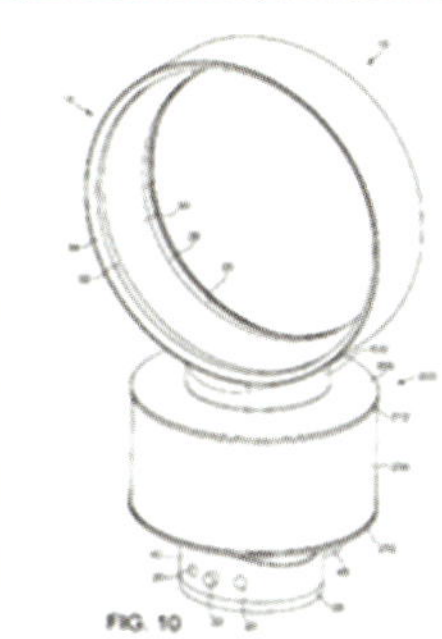	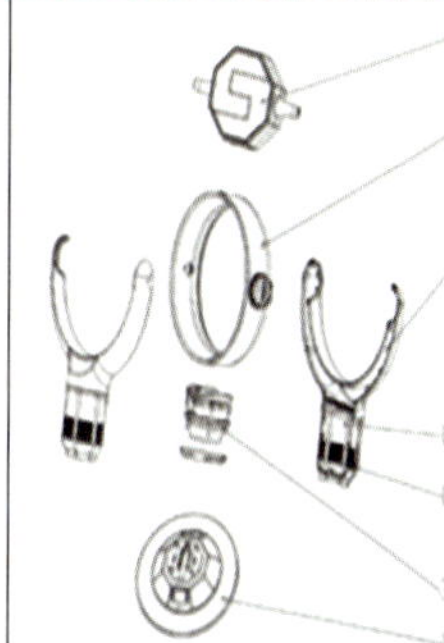	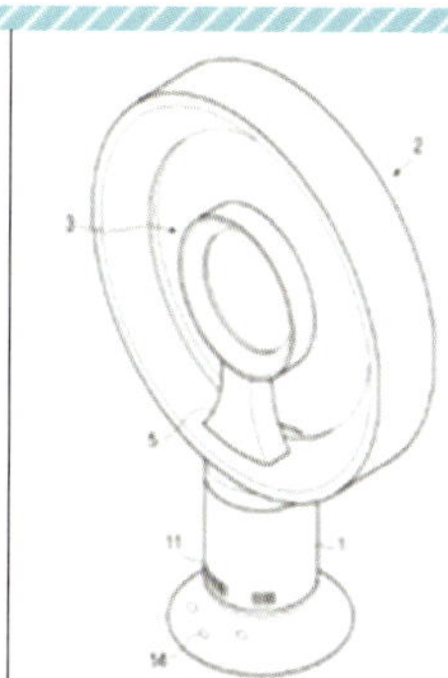
출원번호 : 10-2011-7012569 명칭 : 선풍기(A Fan)	출원번호 : 14819160 명칭 : Fan assembly	출원번호 : GB2011/050427 명칭 : An accessory for a fan	출원번호 : 201210465361.4 명칭 : 공기 증배기	출원번호 : 10-2014-0071890 명칭: 날개없는 선풍기
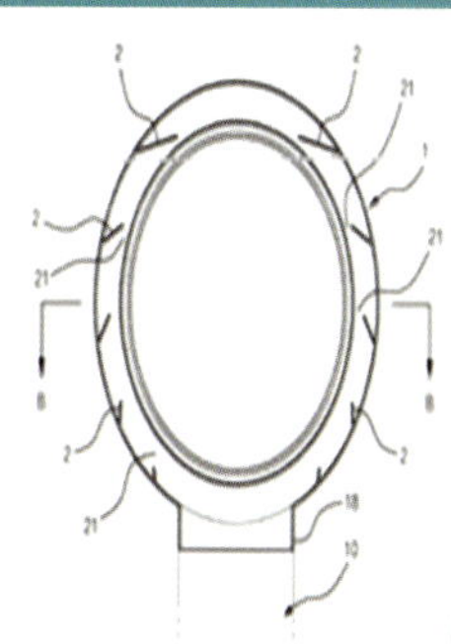	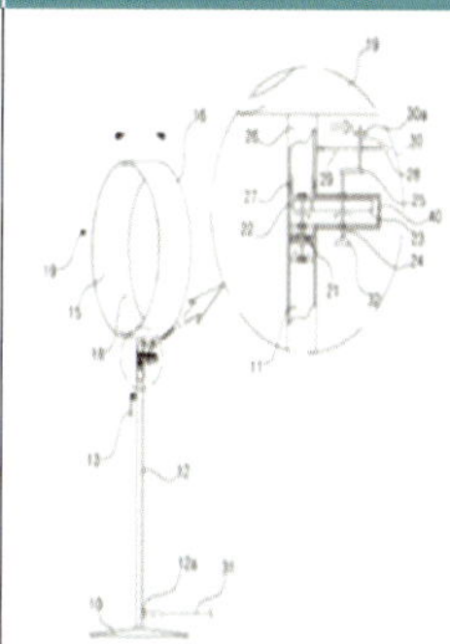	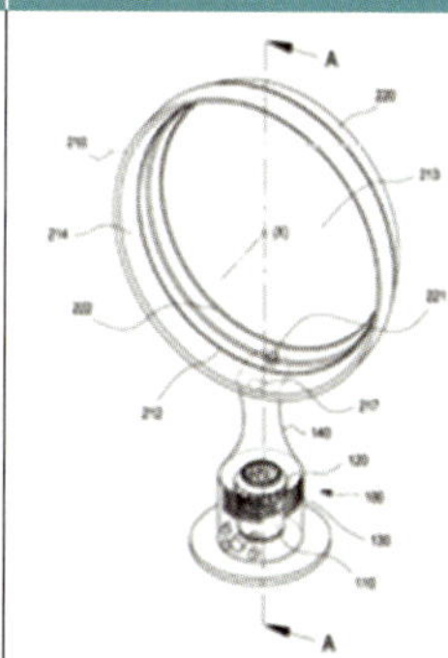	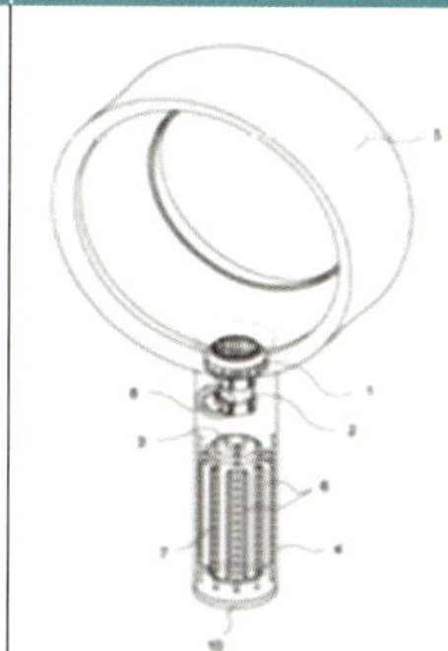	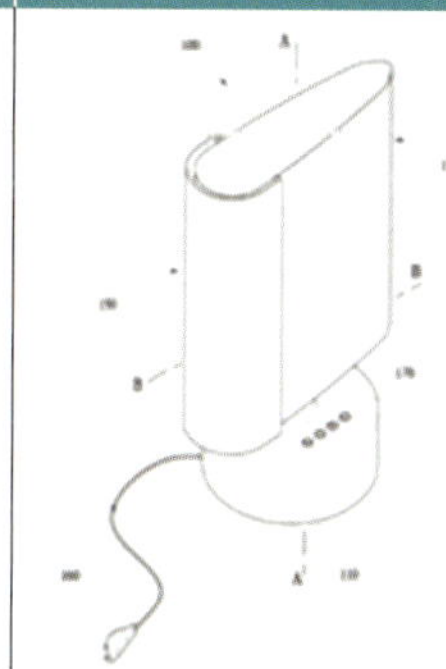
출원번호 : 10-2011-0074486 명칭 : 무 블레이드 선풍기용 환형 노즐	출원번호 : 10-2011-0085764 명칭 : 날개없는 산업용 선풍기	출원번호 : 10-2018-0094805 명칭 : 전·후방 다중 공기분출부를 갖는 날개없는 선풍기	출원번호 : 10-2018-0103330 명칭 : 손잡이 냉각 수단을 갖는 날개없는 휴대용 선풍기	출원번호 : 10-2011-0075808 명칭 : 날개없는 선풍기

표 2.6에서 대표도면으로 보여주는 '날개없는 선풍기' 관련 여러 특허의 예시에 있어, 각각의 특허기술에 대해 간략하게 핵심내용을 요약하여 설명하면 표 2.7과 같다.

▶ 표 2.7 '날개없는 선풍기' 관련 여러 특허의 핵심 내용

구분	출원번호	요약 내용(요점)	시사점
1. 날개없는 선풍기	10-2014-0071890	본 발명은 날개없는 선풍기에 관한 것으로, 보다 상세하게는 날개 없이 공기 흐름을 발생시킴은 물론 이중 구조의 송풍체로 이루어져 공기 흐름 분포를 균일하게 하는 동시에 공기 흐름의 공급 범위를 증대시킬 수 있는 날개없는 선풍기에 관한 것이다.	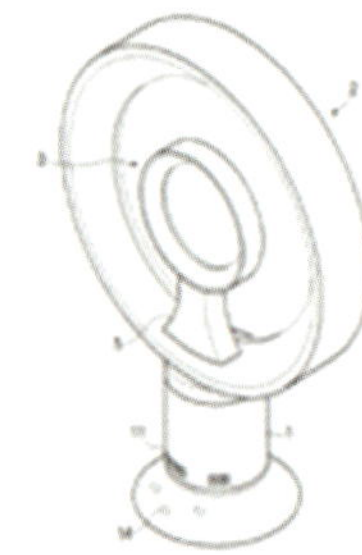 - 중앙부에서 바람이 나오지 않는 문제점을 개선한 특허 - 링(송풍체)을 이중으로 하여 중앙에서 바람이 나오도록 개선시킨 특허 - 일반적인 기술의 개량특허이다. - 기술의 진보성은 갖지만, 신규성은 없다.
2. 전 · 후방 다중 공기분출부를 갖는 날개없는 선풍기	10-2018-0094805	본 발명에 따른 날개없는 선풍기는 에너지를 절감하면서 효율적으로 송풍되는 바람의 세기를 증대시킬 수 있을 뿐만 아니라 노즐부 내에서의 공기 흐름 분포를 균일하게 하고, 동시에 공기 흐름의 공급 범위를 증대시킬 수 있는 효과가 있다.	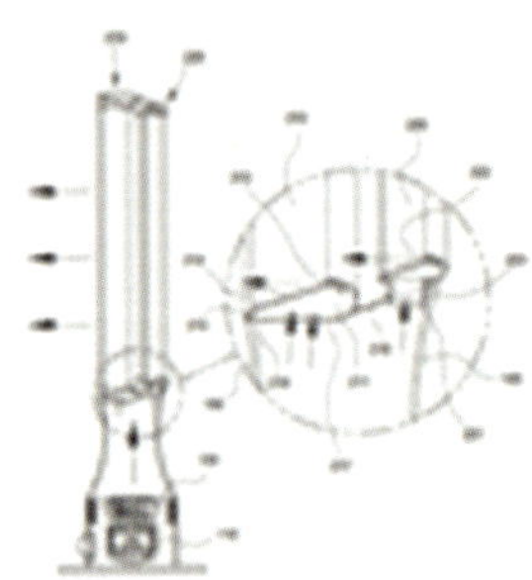 - 이중 고리의 날개없는 선풍기 구조 - 양방향으로 바람을 나오게 한 구조 - 그러나 중앙에서 바람이 나오도록 하는 근본문제는 해결이 되지 못함.

▶▶ 표 2.7 '날개없는 선풍기' 관련 여러 특허의 핵심 내용

구분	출원번호	요약 내용(요점)	시사점
			- 단지 링구조를 서로 대칭으로 만들어 전·후방으로 바람이 나오게 한 특허 - 그러나 분석 결과 전·후방의 바람이 서로 상쇄되므로 효과는 그리 크지 못하다. - 단지 개량특허이다.
3. 손잡이 냉각수단을 갖는 날개없는 휴대용 선풍기	10-2018-0103330	본 발명은 팬, 상기 팬에 연결된 모터, 상기 모터를 구동하기 위한 배터리가 내장된 손잡이 및 상기 손잡이 위에 연통되어 있는 노즐부로 이루어진 날개없는 휴대용 손선풍기에 있어서, 상기 손잡이가 그 내부에 배터리를 수용함과 동시에 상기 노즐부를 향해 공기의 유로를 형성하기 위한 다수의 종방향 스페이서 및 상기 노즐부로 공급되는 공기가 상기 손잡이의 외주면을 경유하도록 상기 배터리를 둘러싼 손잡이의 외주면에 형성된 다수의 공기 유입공을 갖는 것을 특징으로 하는, 손잡이 냉각수단을 갖는 날개없는 휴대용 손선풍기를 제공한다.	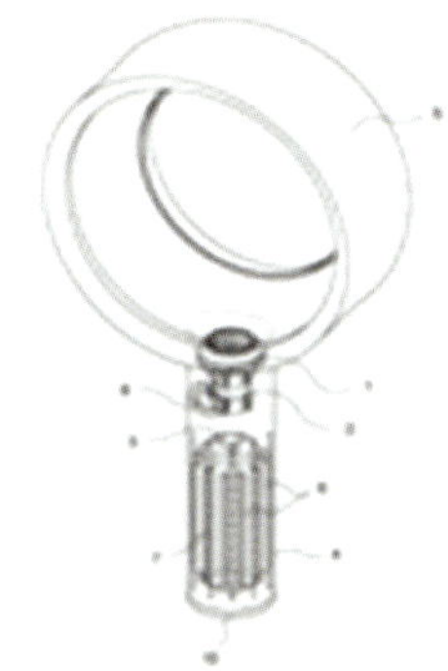 - 스탠드(stand)를 휴대용 손잡이 형태로 형성한 단지, 휴대성 및 편의성을 개선시킨 특허 - 휴대용 날개없는 선풍기에 기술의 초점을 맞춤 - 그러나 휴대 시 바람을 흡입하는 통풍구멍(ventilation hole)을 스탠드를 쥐어 잡는 손바닥이 막으므로 바람의 유입 효과는 크지 못할 것이다. 그러므로 나오는 바람도 시원하지 못하다고 본다. 단, 이동성이 좋고 아웃도어(outdoor, 실외)에서 사용하기는 좋은 장점이다. - 휴대가 편리한 개량특허이다. - 진보성은 갖지만, 신규성은 없다.

▶▶ **표 2.7 '날개없는 선풍기' 관련 여러 특허의 핵심 내용**

구분	출원번호	요약 내용(요점)	시사점
4. 날개없는 산업용 선풍기	10-2011-0085764	본 발명은 공장의 조립라인 등에 배치되는 압축공기 공급라인으로부터 스탠드를 통해 유입되는 압축공기를 링 형상의 선풍기 헤드부에 형성된 공기압 토출구를 통해 연속적으로 배출시켜 냉각 기능을 발휘할 수 있도록 한 것이다.	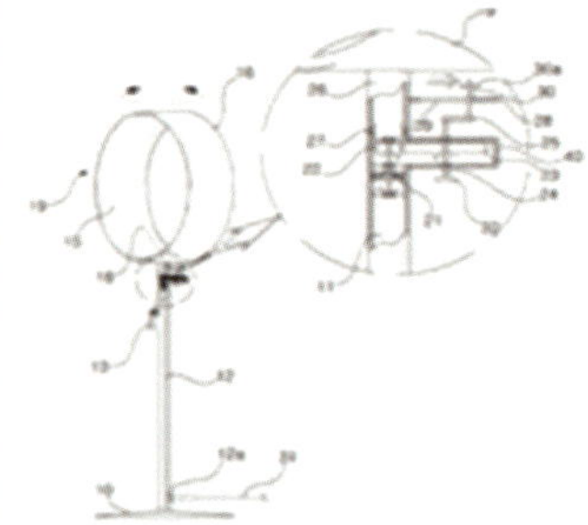 - 생산현장에서 압축공기를 통해 대형 선풍기 역할을 하도록 한 것으로, 단지 압축공기 유입을 통한 풍량과 바람세기를 개선한 특허 - 압축탱크에 의한 압축공기를 사용해야 하므로 산업현장과 사업장에서만 사용이 가능한 특허이다. - 일반 가정용으로는 사용이 어렵다. - 단지 개량특허이다. - 신규성이 없다
5. 선풍기	10-2011-7012569	본 발명은 기류를 발생시키기 위한 선풍기 조립체에 관한 것이다.	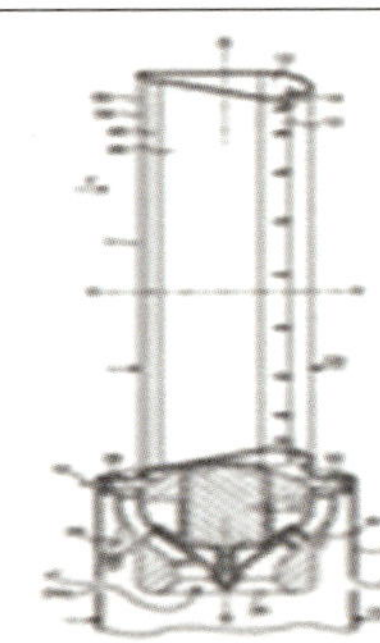 - 날개없는 선풍기의 조립성을 향상시키는 상세 개선 특허 - 일반적인 기술개량 특허 - 조립성 개선을 위한 일반적인 범위의 특허이다. - 개량특허이다. - 신규성이 없다.

▶ 표 2.7 '날개없는 선풍기' 관련 여러 특허의 핵심 내용

구분	출원번호	요약 내용(요점)	시사점
6. 선풍기	10-2011-7016151	본 발명은 기류를 발생시키기 위한 선풍기 조립체에 관한 것이다.	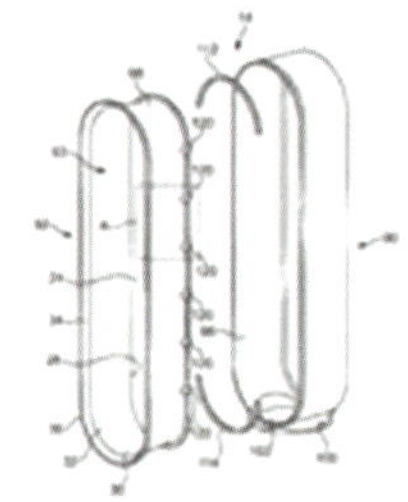 - 날개없는 선풍기 링구조의 조립성을 향상시키는 상세 개선 특허 - 링모양에 한정된 일반적인 조립성 향상 특허이다. - 개량특허로 신규성은 없다.

◆ 주요 시사점은 다음과 같다.

- (획기적 개선 및 개량) 일본 도시바 소멸특허 ➡ 영국 다이슨 개선 및 개량
- (고유성) 새로운 개념을 갖는 혁신적 신기술 제품의 독창적 개발
- (고도화) 여러 과학기술이 적용·응용된 고도화된 제품
- (특허기술의 활용) 일본 원천기술을 모방하고, 응용하고, 진전시킨 IP-R&BD의 대표적 사례. 전형적인 원천 개념특허의 상용화

(4) 아이디어 판단

아이디어 판단의 핵심은 기술의 원천성, 독창성, 차별성, 고도화, 기술 구현의 가능성 등의 검토이다.

그리고 아이디어가 가진 기술성은 물론 시장성, 경제성, 상용화 가능성 등을 스크리닝(screening, 선별)하여 향후 후속(지속적인) 실용화 연구개발 지원사업 등을 비롯한 제품개발 사업화 등에 의한 스케일업·다운(scale up·down)과 최적설계로의 방향성을 종합적으로 판단하는 것이다.

1) 기술의 고도화

기술의 수준은 다음과 같이 수십만 건의 특허분석을 통해 객관적으로 구분하고 있다. 아이디어 창출에

의한 기술의 수준을 분석하여 자가진단을 수행한다. 기술의 수준(Level of Technology)에 따라 문제해결 능력이 우수하고, 제품과 서비스의 질적 강도가 세고, 글로벌(global, 세계적인)적으로 강력한 경쟁력을 갖춘 신제품기술의 고도화와 연관된다.

특허분석에서 알아낸 중요한 요소는 문제해결에도 수준이 있다는 것이다. 문제해결에 요구되는 창의적 수준에 따라 문제해결안(개념설계)의 확보 가능 영역이 다르다는 것을 파악하고, 창의적 수준과 문제해결 확보 영역을 고려해 문제해결 수준(level)을 다음과 같이 다섯 단계로 분류했다.

2) 신제품 및 신기술을 위한 문제해결 수준의 자가진단

그림 2.5에서 창출된 아이디어가 문제해결에 있어 제품기술의 수준이 어느 단계(level) 인지를 파악한다. '날개없는 선풍기' 제품의 상용화는 3단계 이상의 기술수준을 요구한다.

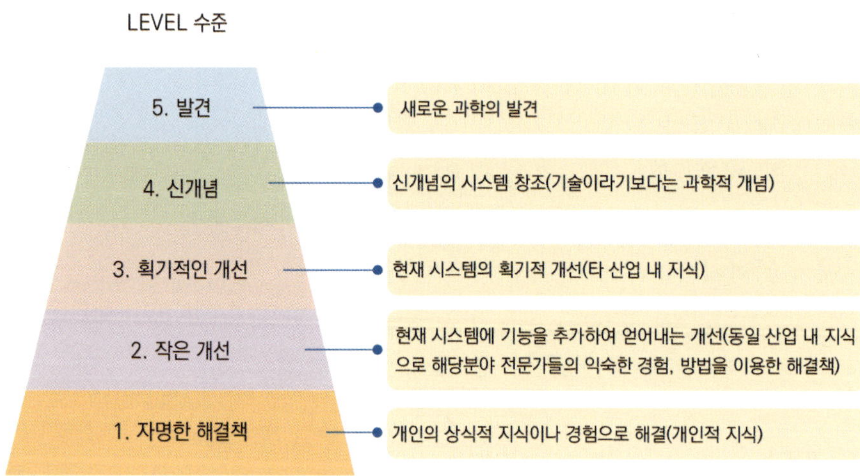

그림 2.5 발명 수준의 세분화와 문제해결 내용

출처 : Altshuller, G. S., "Creativity as an Exact Science", 1988.

① 수준 1

명백한 사실이나 이론으로 해결이 가능한 것으로, 기존 시스템에 별다른 개선을 가져오지 못한다. 구성비는 약 32%로 개인적 전문지식 수준에서 충분히 해결할 수 있다.

② 수준 2

해당 분야의 전문지식을 응용해 해결이 가능하다. 기존 시스템의 개선과 합리화를 가져온다. 구성비는 약 45%로 회사 내부의 지식 역량을 결집하면 해결할 수 있다. 제품개발 중에 출원된 개선 및 개량의 특허가 이에 해당된다.

③ 수준 3

공학 분야의 지식과 기술을 합성해야 해결할 수 있다. 기존 시스템에 근본적인 획기적 개선을 가져온다. 구성비는 약 18%로 동일 산업 내부는 물론 타 산업 분야의 지식 역량을 결집해야만 해결할 수 있다.

④ 수준 4

현존 시스템의 목적을 달성하는 과학원리를 발견하고 시스템에 대한 차세대 원천 개발을 가속화한다. 구성비는 4% 정도로 사회 전반적인 모든 지식 역량을 결집할 때 해결할 수 있다. 새로운 개념 수준이다.

⑤ 수준 5

새로운 시스템의 출현을 가속화하는 발명이다. 구성비는 약 1%로 세상의 모든 가용 지식을 동원해야 해결될 수 있는 최고의 수준이다. 새로운 과학이론의 발견이다.

3) 제품개념 선정 및 기술구현의 방법론(Methodology) 제시

① 기능분석(Function Analysis)

제시된 아이디어를 고려하여 '날개없는 선풍기'를 개발하기 위한 기능(역할)을 표현하고 분석한다.

기능정의

기능(function)이란 제품과 서비스를 비롯한 현재 작동하고 있는 시스템이 가지고 있는 고유하고 특수한 역할이다. 마찬가지로 생물체의 기관, 조직, 세포 등의 생존을 위한 생활 활동이나 작용이며, 존재하기 위한 능력이다. 기계나 부품 등에 있어서도 어떤 일을 해내는 독특한 능력인 것이다.
따라서 저자는 '날개없는 선풍기'와 같은 제품을 비롯한 서비스와 시스템에 주안점을 두고, 기능의 정의를 '제품, 서비스, 시스템 등이 목표 성능과 동작을 수행하는 고유 역할과 작용'이라고 정의하고자 한다. 더욱 간략하고 쉽게 말하자면 고유 특성을 나타내기 위한 '하는 일, 즉 역할'로 정의한다.

기능분석은 제품의 핵심구성요소(CTE : Critical Technology Element)와 구조 그리고 동작 원리와 메커니즘, 시스템을 체계적으로 갖춘 제품개념의 선정 단계이다.

기능분석은 구성개념도, 논리도, 동작 흐름도 등을 기능분석을 활용하여 작동하는 기능을 동작원리로 순차적으로 도시하는 체계도(schematic diagram)이다.

기능분석은 입력(input, 투입물)과 출력(output, 산출물로 신제품 또는 서비스)과의 관계를 체계화된 도식(schematic diagram, 도식화)으로 나타내어 문제와 문제의 원인을 서로 파악하고 분석하는데 있어서도 유용하게 사용된다.

그 자체의 차별화된 특성에 따라 '하는 일, 즉 역할'이라고 말하는 고유한 기능을 갖고 있다. 기능분석을 도식화로 체계화시켜 정확히 분석하면 전체 시스템을 구성하는 모든 요소(구성요소)들의 관계와 세부적인 역할(즉, 세부기능과 작용)들이 유기적인 관계로 연결되어 있음을 파악할 수가 있다.

이러한 기능분석을 통해 특히 어려운 문제를 해결하고자 하는데 있어 인간의 사고 능력은 자신의 경험과 지식의 범주를 넘어서기가 어렵기 때문에, 대부분 문제의 해결을 그 고정관념의 틀에서 해결하려고만 한다. 그러나 대부분의 문제에 있어서 해결책은 자신의 경험이나 지식의 범위를 벗어나는 차원이 더 높은(여기서는 고도화된 지식과 기술을 의미한다) 다른 곳에 있을 가능성도 높다.

앞에서 설명했던 과학적 지식, 원리, 이론, 정보, 논문, 자료, 특허, 제품, 서비스 등을 활용한 모든 가용할 수 있는 학문과 지식, 기술을 적용시켜 창의적 문제해결을 창출해내는 아주 간결하면서도 효과적인 방법론(methodology)이다.

② 기능분석도(Function Analysis Diagram)

기능분석도를 활용하기 위해서는 우선 다음 사항을 명확히 숙지해야 한다.

㉠ 기능분석법의 첫 단계로 제품(상품), 서비스, 시스템 등의 전체적인 기능을 블랙박스로 표현한다.

㉡ 설계해야 될 제품, 서비스, 시스템은 반드시 외부로부터 어떤 입력을 받게 된다.

㉢ 따라서 블랙박스(black box)에 주어진 입력은 설계 제품과 개발하고자 하는 서비스의 고유한 기능 수행을 통하여 얻고자 하는 목표(최종 목표 또는 이상적 목표)인 출력을 창출한다.

여기서 설명하는 블랙박스(black box)는 제품, 서비스, 시스템 등을 기본적으로 구성하고 그 성능과 동작(동작성)을 나타내는 데 있어 필요로 되는 순차적으로 작동되는 모든 기능의 집합체로, 각각의 독립 기능은 물론 기능의 모듈(module)도 포함한다.

그림 2.6은 문제인 입력물(input)이 블랙박스(black box)를 통과해 진행되는 기능분석과 기능을 해결하는 최적의 솔루션(해, 해법, 해결책, 대안)을 찾아 문제해결이 이루어진 출력물(output)을 얻는 프로세스(process, 과정 · 절차)를 도식화한 것이다.

그림 2.6 기능분석을 위한 블랙박스(black box)

기능분석은 입력(input, 투입물)과 출력(output, 산출물로 신제품 · 서비스 · 시스템)과의 관계를 도식적으로 나타내어 문제와 문제의 원인을 서로 파악하고 분석하는데 있어서도 유용하게 사용된다.

그 자체의 차별화된 특성에 따라 '하는 일, 즉 역할'이라고 말하는 고유한 기능을 갖고 있다. 기능분석을 도식화로 체계화시켜 정확히 분석하면 전체 시스템을 구성하는 모든 요소(구성요소)들의 관계와 세부적인 역할(즉, 세부기능과 작용)들이 유기적인 관계로 연결되어 있음을 파악할 수가 있다.

4) 과학적 원리와 기능분석

① 과학적 원리를 이용한 기능분석 1

기능분석을 통한 구성요소의 기술 정립과 상관성(연계성) 파악 및 검토를 한다.

가능한 동작 시퀀스(sequence, 순서 및 배열)로 구성요소기술의 주요 사항을 판단하도록 한다.

본 저서에서 설명하고 해석하는 사례연구에 따른 '날개없는 선풍기'에 있어 동작 시퀀스는 다음과 같이 순차적으로 진행된다.

㉠ 외부의 공기를 모터가 팬(fan)을 돌려 흡입한다.
여기서 사용하는 모터는 공기의 흡입 성능도 우수하고, 소음도 적은 BLDC 모터(Brushless DC Motor, 브러시리스 직류모터)를 사용하고 있다.

㉡ 에어 서큘레이터(air circulator, 공기순환기 또는 공기순환장치)에 최적화된 구조가 되는 링 형상을 구상 및 구성한다.

㉢ 순환하는 공기의 흐름을 원활히 하며 에너지 소모를 최소화하기 위해 원형의 링 구조를 구상 및 구성한다(에어 서큘레이터와 코안다 효과의 응용 및 적용).

㉣ 외부 공기를 흡입하도록 속도 차이를 발생하기 위한 링 내부 원주면에 작은 홈(즉, 노즐)을 형성시킨다. 이때 노즐의 최적화설계가 바람의 성능에 있어 아주 중요하다.

㉤ 베르누이의 원리(Bernoulli's principle)를 적용하여 링 내부와 외부와의 속도차를 발생시키고 동시에 압력차를 발생시킨다.

㉥ 압력차에 의해 외부 공기를 링 내부로 유입시켜 선풍기 기능을 작동시킨다.

㉦ 날개가 없으므로 공기의 부딪힘이 없어져 그만큼 바람의 손실이 없으므로 공기가 증폭되어 강한 바람이 나오게 된다. 이는 기존 '날개 선풍기'가 작동 시 회전하는 날개가 흡입되는 바람과 부분적으로 부딪히므로 공기의 흐름이 깨지는 현상이 없기 때문이다.

㉧ 기능분석의 입력은 외부 공기이며, 출력은 은은하며, 증폭된 강한 바람의 생성과 토출이다.

㉨ 기능분석의 효율(즉, 입력 대비 출력)은 얼마나 정확하고 정교하게 고도화된 블랙박스(black box)를 구성하고 설계하느냐에 달려 있다.

㉩ 과학적 효과와 융복합 산업기술의 최대한 활용과 응용으로 얼마만큼의 완성도 높은 제품을 만드는 데 있어 최적화된 제품설계(최적설계)가 관건이다. 따라서 과학원리를 활용한 과학기술과 공학의 응용기술이 문제해결 및 고도화된, 세계에 없는 신기술 제품이나 서비스, 시스템을 창출하는 데 있어 아주 중요하다.

세상에 없는 미래 기술을 창출하고 발굴하기 위해서는 정교하고 명확하게 기능분석을 할 필요(기능분석의 생성)가 있다. 또한 기능분석을 위한 블랙박스(black box)를 구체적이며 체계적으로 구성하는 것도 중요하다.

그림 2.7은 과학적 원리를 이용한 '날개없는 선풍기'에 대한 기능분석의 예시로 하는 기능분석도를 보여준다.

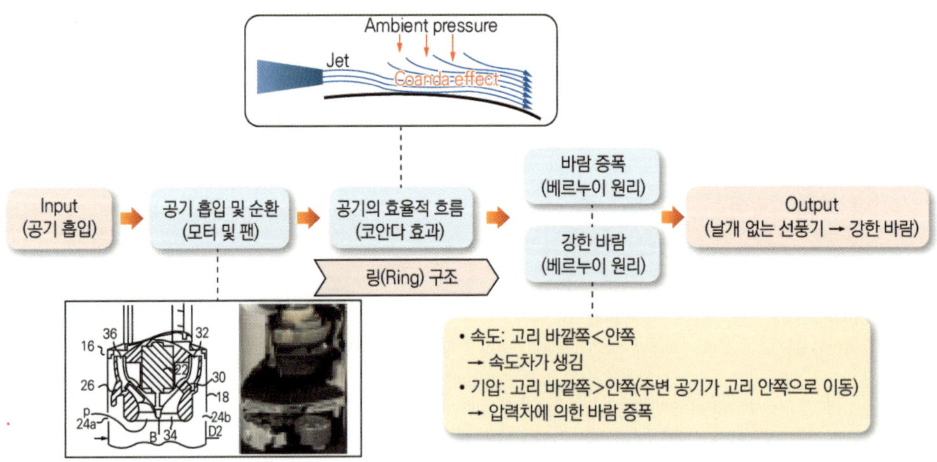

그림 2.7 과학적 원리에 의한 기능분석도 예(1)

② 과학적 원리를 이용한 기능분석 2

개량기술을 적용한 기능분석을 통해 구성기술 요소(그것도 핵심요소인 CTE, Critical Technology Element)에 대한 기술 정립과 상관성(상호 연계성) 파악 및 검토가 명확히 나타나면 새로운 혁신적인 기술개발에 도움이 된다.

다이슨 '날개없는 선풍기'의 기술개발에 적용한 과학기술의 원리를 다시 한 번 살펴보도록 하자.

㉠ 제트엔진의 효과 적용

많은 양의 공기를 흡입하고 배출구로 빠르게 이동시키기 위해 다이슨 선풍기는 제트기와 비행기 엔진에 사용되는 제트엔진의 방식을 적용했다.

㉡ 임펠러 모터의 적용

하부의 임펠러(impeller, 유체 에너지를 주기 위한 날개를 가진 회전체)가 모터에 의해 구동되어 주변에 공기를 흡입하고, 흡입한 공기는 관로를 따라 비행기 날개 형상의 둥근 고리(링, ring) 내부로 이동시켜 바람의 풍량과 세기를 크게 개선시킨다.

여기서 적용하는 기능분석의 목표를 다시 정리하면 다음과 같다.

㉠ 기능분석의 입력은 외부 공기이며, 출력은 바람의 손실이 적은(즉, 재활용성과 에너지 효율성이 높은) 은은하며 증폭된 강한 바람의 생성과 토출이다.

㉡ 기능분석의 효율(즉, 입력 대비 출력)은 얼마나 정확하고 정교하게, 기술의 수준이 높은 고도화된 블랙박스(black box, 기능의 집합체로 독립기능과 기능의 모듈을 의미한다)를 구성하고 설계하느냐에 달려있다.

㉢ 과학적 효과와 융복합 산업기술의 활용과 완성도가 높은 최적설계가 주요 변수이자 구현의 관건이다.

그림 2.8은 과학적 원리를 이용한 '날개없는 선풍기'에 대한 기능분석의 예(기능분석도)이다.

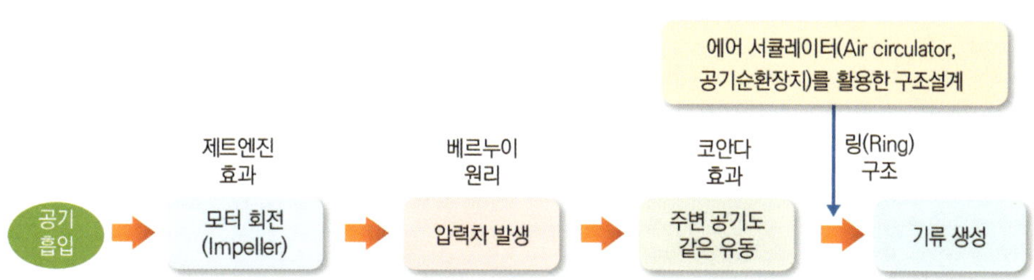

그림 2.8 과학적 원리에 의한 기능분석도 예(2)

③ 과학적 원리를 이용한 기능분석 3

과학적 원리와 개량기술의 조합으로 기능분석을 통한 구성요소기술(구성기술 요소)에 대한 구체적이고 명확한 기술정립과 서로 연계되는 상관성 파악 및 검토가 필요하다. 이에 따라 현존 기술을 대체하고 새로운 방식의 접근으로의 새로운 기술을 찾아 적용하고, 새로운 기술의 구현 가능성을 사전에 예측, 검토, 평가하는 것이 선행연구 또는 선행기술개발과 목표가 부합한다.

따라서 구체적인 개발기획을 검토하면 다음과 같다.

㉠ 외부 공기를 더욱 효과적으로 유입하기 위해서는 모터 팬뿐만 아니라 특히 공기 에너지 흡입에 있어 강력한 흡입력을 요하는 임펠러 모터의 필요성이 대두된다. 더불어 향후에도 흡입성능도 우수하고, 소음도 적으며, 전력소모가 적은 모터 등을 비롯한 핵심 부품개발도 필요하다.

㉡ 외부 공기를 더욱 효과적으로 유입하기 위해서는 제트엔진 방식의 효과를 적용하기 위한 스탠드(stand) 내부의 구조설계가 선행되어야 한다.

㉢ 과학적 원리를 활용하여 공기의 증폭과 지속적인 강한 바람을 은은히 보내주는 끊김 없는 강한 바람의 분출 결과를 도출해야 한다. 이 목표를 달성하기 위해서 전체적인 에어포일(airfoil)의 형상, 크기를 비롯한 노즐 형상 및 폭, 설치 위치 등을 전반적으로 고려한 구조설계가 뒷받침되어야 한다.

㉣ 기능분석의 효율(즉, 입력 대비 출력)은 얼마나 정확하고 정교하게 고도화된 신개념의 블랙박스를 구성하고 설계하느냐에 달려있다.

㉤ 과학적 효과와 융복합 산업기술의 활용과 기술수준의 완성도 높은 최적설계 또한 관건이다.

그림 2.9는 과학적 원리를 이용한 '날개없는 선풍기'에 대한 기능분석의 예(기능분석도)이다.

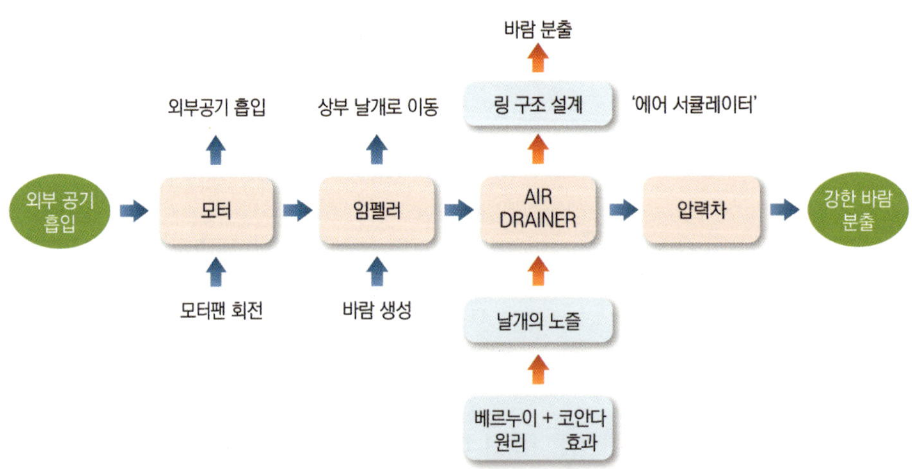

그림 2.9 과학적 원리에 의한 기능분석도 예(3)

베르누이의 원리(Bernoulli's principle)

- 유체의 속도 V가 크면(빠르면) 압력 P가 낮고, 유체의 속도 V가 작으면(느리면) 압력 P가 높다.
- 공식(방정식)은 다음과 같다.

베르누이의 원리는 유체의 흐름에 있어 압력, 운동 에너지, 위치 에너지와의 합은 어느 곳에서도 일정하다는 공식을 갖는다.

$$P + \frac{1}{2}\rho V^2 + \rho gh = Constant$$

$$\text{따라서 } P_1 + \frac{1}{2}\rho V_1^2 + \rho gh_1 = P_2 + \frac{1}{2}\rho V_2^2 + \rho gh_2$$

여기서
P: 유체의 압력(유압)
V: 유체의 속도(유속)
ρ: 유체의 밀도
g: 중력가속도
h: 임의 수평면에서의 높이

유체(fluid)는 흐름(flow)이 있는 유동체를 뜻한다. 유동체는 흐름을 갖는 물체로 물, 기름 등의 액체뿐만 아니라 공기, 가스 등 기체도 포함하는 포괄적 의미이다.

또한 유체역학에서 유량의 공식도 필요하다.

유량(discharge)이란 단위 시간 동안 단면을 통과하는 수량을 말한다. 단면적을 A, 평균 유속을 V라 하면 유량 Q는 Q=A × V로 나타낸다.

$$Q = AV$$

여기서
Q는 유량
A는 유체의 단면적
V는 평균 유속이다.

앞에서 설명한 베르누이의 원리와 벤투리 효과(Venturi effect)인 유량의 공식을 활용한 '날개없는 선풍기'에 대한 동작(작동)원리를 검토해 보기로 한다.

공기의 유량(즉, 풍량)은 벤투리 효과(Venturi effect)를 이용하면 다음과 같다.

벤투리 효과란 면적이 좁은 강의 유속이 면적이 넓은 강의 유속보다 빠르다는 사실이다. 이를 날개없는 선풍기에 적용하여 공식으로 풀어내면 다음과 같다(여기서 Q는 유량의 의미로, discharge를 나타내는 Quantity의 첫 단어이고, A는 면적으로 Area, V는 속도 Velocity의 첫 단어이다).

속이 빈 링(고리) 내부 안에서의 풍량 Q_1과 외부 영역에서의 풍량 Q_2가 같아야 한다. 따라서

$Q_1 = Q_2$이므로

$A_1 \times V_1 = A_2 \times V_2$가 된다.

여기서 '날개없는 선풍기'의 속이 비어 있는 둥근 링(ring, 고리) 원주에 형성된 좁은 구멍(즉 노즐, nozzle)의 단면적 A_1이 외부에서 원형 링으로 들어오는 단면적 A_2보다 작으므로,

$A_1 < A_2$이다.

그러면 속도(여기서는 바람 속도)는

$V_1 > V_2$이 된다.

그러면 앞에서 유도한 공식의 결과를 베르누이의 원리에 적용해보면 다음과 같다.

증명

만약 높이 h_1과 h_2가 같은 높이라고 하면(전제 조건, $h_1 = h_2$)

$P_1 + \frac{1}{2}\rho V_1^2 = P_2 + \frac{1}{2}\rho V_2^2$이 된다.

앞에서 기술한 공기의 유량(풍량) 공식에서 구한 바와 같이,

$V_1 > V_2$이므로

$\frac{1}{2}\rho V_1^2 - \frac{1}{2}\rho V_2^2 = P_2 - P_1 > 0$이 된다.

따라서 결과적으로 $P_2 > P_1$이 되는 것이다.

외부 영역의 압력이 속이 빈 원형 링(ring, 고리) 영역의 압력보다 크므로, 외부 공기가 압력차에 의해 링 내부로 공기 유입이 된다. 압력차가 크면 클수록 그만큼 공기가 빠른 속도로 유입되는 것이다.

여기에는 선풍기의 역할(기능)을 수행하는 과학과 공학기술이 적용된 원리이다.

앞의 유량으로 분석한 '날개없는 선풍기'에 적용된 공기 흐름의 양(유량, 풍량)으로 베르누이의 원리에 적용하면 다음과 같다.

속이 빈 링(고리) 안에서의 속도 V_1이 외부에서의 속도 V_2보다 크므로, 즉 $V_1 > V_2$가 되기 때문에 외부에서의 공기의 압력 P_1이 속이 빈 링(고리) 안에서의 압력 P_2보다 작아진다. 따라서 압력이 높은 외부에서 압력이 낮은 링 내부로 공기를 밀어주기 때문에 공기를 유입하여 바람을 일으키는 것이다.

㉠ 이 내용을 정확히 표현하면 선풍기의 속이 비어있는 링 내부와 링 외부와의 유량의 공식에 의해 속도 차이를 발생시킨다.

이런 구조를 만들려면 날개없는 선풍기 하부 스탠드(stand)에 공기구멍(벤티레이션 홀, ventilation hole)을 뚫고 스탠드 내부에 내장된 모터 팬을 돌려 외부 공기를 빨아들인 후 환형(둥근 형태)으로 된 링(일종의 둥근 형태의 덕트(duct, 물이나 가스 등의 도관)라 해도 무방하다) 안쪽에 작은 구멍(노즐, nozzle)을 파준 후 공기를 순환시키면 된다. 이러한 현상은 고층 빌딩들이 밀집해 있는 곳에서 2개 빌딩 사이를 지나가는 바람이 그 풍속이 강해지는 골짜기풍(valley wind, 협곡풍)과 같은 원리이다.

㉡ 속도 차이가 생기도록 한 후 베르누이의 원리를 적용하면, 선풍기의 속이 비어있는 링 내부와 링 외부(선풍기의 바깥) 간에 압력 차이가 발생되고, 그 압력 차이에 의해 외부공기가 링 안으로 유입된다.

선풍기를 켠(작동, ON) 동안은 이런 원리가 계속 적용되므로, 바람을 일으키는 것이다. 이것은 자원의 활용으로 바람이란 에너지의 재순환이라고 할 수 있다.

㉢ 이러한 원리를 이용하면 '날개없는 선풍기'에 있어 모터의 회전 없이도 바람의 방향을 180도 반대방향으로 나오게 할 수 있을 뿐만 아니라 어느 각도에서도 나올 수 있게 개발설계를 하고, 가운데 영역에서 바람이 나오지 않는 현 문제를 다양한 구조설계 방법으로 해결할 수가 있으며, 더 나아가 창의적 방법으로 '양방향 날개없는 선풍기'를 개발할 수도 있다. 이는 뒷부분에서 저자가 연구한 사례를 보여주기로 한다.

㉣ 따라서 '날개없는 선풍기'의 성능 향상을 위한 기술개발 설계의 핵심요소로의 구조 및 시스템 설계의 핵심 변수는 링의 형상과 크기, 링의 구멍(노즐)의 폭, 노즐에서 순환바람이 토출되는 끝단의 경사도와 곡면(라운드), 스탠드에서 바람을 빨아들이고 링으로 바람을 내보내는 모터의 성능 등이다. 이에 대한 최적설계를 위해서는 설계뿐만 아니라 CAE(Computer Aided Engineering, 컴퓨터응용해석)에

의한 바람의 유동해석이 반드시 필요한 이유이다.

왜냐하면 CAE는 CAD 조립설계(구조설계)에 대한 모터와 팬의 구동원으로부터 링의 전반적 구조 및 형상, 배치 등에 따라 얼마만큼 외부공기가 효과적으로 흡입되고, 또한 어떤 공기분포와 순환흐름(유동성)으로 어느 정도로 바람을 일으키고, 토출하는지 전반에 걸친 시뮬레이션(simulation) 기법으로 '날개없는 선풍기'의 필요품질(당연품질)로 여기는 성능에 대한 예측평가가 가능하기에 공기의 유동해석이 중요한 이유이다.

④ 창의적 연구개발을 위한 선행 프로세스

그림 2.10은 '날개없는 선풍기'와 같이 세상에 없는 제품을 만드는 창의적이며, 혁신적인 선도적 연구 및 기술개발에 있어, 저자가 주장하는 선행적 프로세스(절차, 과정)이다.

선행적 프로세스는 기존 일반적인 양산개발을 위한 전통적인 프로세스와는 다르다.

미래를 향한 신개념, 신기술 창출을 위한 창의적 연구 및 개발을 위해서는 1단계와 2단계로 나누어 구체적이며 정확한 진행을 하였으면 한다.

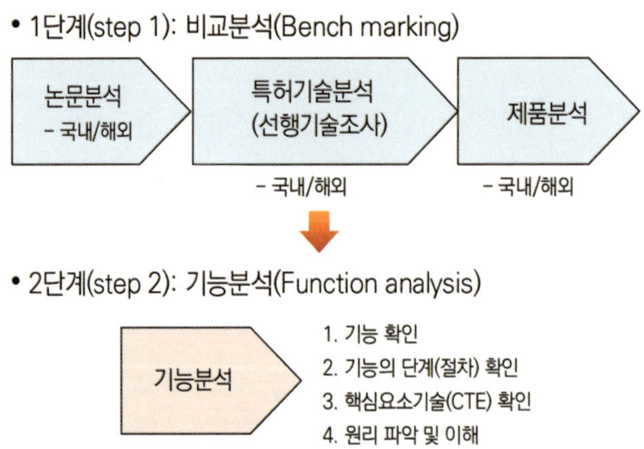

그림 2.10 창의적 연구개발을 위한 선행 프로세스

기능분석을 수행하는 데 있어 주요 요점을 순서로 정리하였다. 기능분석을 효율적으로 하기 위해서는 산업 간의 벽을 깬, 즉 고정관념을 타파한 융합적인 사고와 해결이 필수이기에 다방면의 학문적 소양과 전문지식, 실무가 필요하다. 또한 기초과학(물리, 화학, 생물학 등)과 결합된 과학기술은 물론 인문학적 통섭이 중요하다. 왜냐하면 4차 산업혁명시대는 복합계가 활성화된 고도화된 세상이고, 기술발전의 속도가 엄청 빠르기 때문이다.

기능분석의 수행에 있어 주요 사항

❶ 기능분석을 하는데 있어서 가능한 관련된 기능들의 특성과 역할을 구체적으로 도식화한다(구성요소와 세부기능을 도식화).

❷ 기능들의 경계영역을 정확히 구분한다(세부기능의 경계영역을 설정).

❸ 기능을 새로운 각도에서 해석을 한다(새로운 기능의 해석).

❹ 새로운 각도에서의 해석을 위해서는 문제의 상황에 작용하는 공학적 기술뿐만 아니라 과학원리와 이론을 결합한다. 각종 물리장(예를 들면, 중력, 전기장, 자기장 등 전자기력, 진동, 유체, 열, 공기, 압력, 에너지 등)과 화학장, 생명과학 등의 과학적 기술을 적용하거나 응용해야만 한다(과학지식원리와 공학기술이 결합된 융복합 접근으로 새로운 기능을 해석).

❺ 우주 만물과 자연의 이치이며, 자연의 원리인 생체모방적 접근 방식(biomimetic access and imitation, 생물체의 시스템이나 오묘한 반응계를 모방하여 새롭고 효율적인 시스템을 만들어 내는 방식)을 모방하여 적용한다(문제해결에 있어 모방으로 해결 및 창조).

❻ 따라서 모든 문제의 해결을 위한 기능분석을 통하여 공학적 기술뿐만 아니라, 과학적 기술을 결합하면 창의적인 문제해결을 할 수가 있다(과학과 공학기술의 결합과 응용으로 창의적 문제해결).

❼ 또한 인문학적 소양과 통찰력을 더하여 이종 학문이 서로 결합하고, 융합하고, 연결하면 창의적인 문제해결을 할 수가 있다(과학기술과 인문학의 통섭으로 창의적 문제해결).

✪ 시사점

기능분석(Function Analysis)은 기술구현의 방법론(methodology)을 제시해 주는 효과적인 방법론이다. 기능분석을 통한 문제해결 및 세상에 없는 신개념, 신기술 제품개념과 서비스 창출을 위한 구현 절차이다. 그 특징은 다음과 같이 정리할 수 있다.

① 새로운 개념 제시의 달성 방법론이다.

② 전체적, 모듈별 상관관계 및 단계별로 구체화된 명확한 구현 방법론으로 창의적 문제해결에 있어 아주 유익한 도구(tool)이며, 수단이다.

③ 구현 방법론에 따른 연계 과학 및 공학기술의 적용 · 응용 · 재현 등을 보여주는 가이드(guide) 제시이다.

(5) 아이디어 실행(아이디어 구현 및 검증)

1) 아이디어 실행

아이디어의 실행은 개념설계 아이디어에 이어서 제품의 입증을 위한 실험환경 구축, 모듈, 핵심요소기술(CTE)에 대한 각 객체의 독립적 테스트 진행단계이다. 대표적인 예가 제품에 대한 개념시험(conceptual test)이다.

① 제품 개념시험

참신하게 발상된 아이디어를 구체화하기 위해 아이디어 개념에 대한 모형화를 통한 개념시험을 한다. 개념시험의 목적은 기술 구현의 가능성을 확보하여 기술의 타당성을 검증하는 것이다.

② 개념시험의 목적 정의

- 어떤 개념이 선택되어야 하는가?
- 고객의 요구를 만족시키기 위한 더 좋은 개념은 어떤 것인가에 대한 정의이다. 크게 다음의 3가지를 정의한다.
  - ㉠ 동작성과 성능의 재현 및 기술의 구현 가능성 확인 및 검증
  - ㉡ 잠재적 고객으로부터 제품개념이 고객의 요구를 만족시키는지 확인
  - ㉢ 제품개념의 판매 잠재성 평가로 시장에 부합되는지를 확인

③ 최종사양 결정

목표시장을 구성하는 잠재적 고객으로부터의 제품개념이 고객의 요구사항을 만족시키는지 확인한다. 제품개념의 판매 잠재성을 평가한다. 그리고 제품개념을 개선시킬 고객 정보를 취합하고 반영하여 최종 제품의 사양을 다음과 같은 측면에서 결정한다.

이는 핵심기술에 대한 목표사양 설정에 대한 확정이다.

- 기술적 특성
- 인체공학적 특성
- 부가적 특성
- 시장 및 경제적 특성
- 고도화 특성
- 창조적 특성

2) 구현 및 검증

개념설계안(concept design)에 대한 확정 · 검증 및 실현(구현) 가능성 평가를 말한다.

앞 단계의 실험환경 구축, 모듈, 핵심요소기술(CTE)에 대한 독립적 테스트에 대한 총합적 기술의 구현과 실현 가능성을 평가하고 입증하는 실증단계이다. 또한 개념설계 정립에 대한 절차와 타당성을 최종 검증하며 향후 R&D(Research & Development, 연구개발) 기술사업화로의 성공 가능성을 판단하는 중요한 단계이다.

① 개념설계(Concept design)의 중요성

개념설계(concept design)란 과학원리와 공학기술을 응용하고 활용하여 기능과 구조, 성능, 특성, 배치(layout) 등을 구현할 가능성을 사전에 검토하기 위한 공학기술 전반에 있어 다양한 개념적 아이디어를 발상하고 고안하여 계획안을 시각적 설계도면(2D 평면적 또는 3D 입체적)이나 스케치, 애니메이션(animation) 등으로 시각화시켜 구체화시킨 것이다.

이와 같은 방식으로 기구장치나 조립체, 메커니즘, 시스템을 만들면 개략적인 주요 기술의 구성, 구조와 작동을 비롯한 전반적인 특성을 이해하기 쉽고, 추후 기술 구현의 가능성도 커진다.

개념설계를 사이즈(size)와 성능과 가격에 맞게 최적화한 설계(즉, 용도에 맞는 최적설계, 상세설계)를 통해 실용화하여 제품화(상용화)가 이루어진다.

향후 상세한 개발 및 설계를 통해 개발될 기구 및 구조에 대하여 미리 선행적으로 차별화된 아이디어와 기술 구현을 위한 원리, 기술, 구성, 구조, 동작 메커니즘, 성능 등의 전반적 특성을 디자인, 3D 모델링, 시뮬레이션, 시제품 등으로 구체화시킨 모형화된 개념의 콘셉트 설계를 말한다.

또한 기술 차별성이나 구현과 성능 검토를 위한 선행기술개발을 의미하며, 제품이나 기구, 장치, 시스템을 대량으로 생산(양산)하기 위한 상세 개발과 설계를 위해서는 반드시 선행으로 해야 할 필수적이며 중요한 단계이다.

왜냐하면 개념설계를 통해 기술의 차별성과 완성도(기술구현성), 기술의 고도화를 예측할 수 있기 때문이다. 따라서 기술수준이 고도화되고 완성도가 높아진 기술개발 및 선행개발에 있어 개념설계(concept design)가 중요한 것이다.

② 개념설계안(Concept design) 확정

창출된 아이디어의 윤곽을 갖추기 위해서는 말보다는 스케치, 그림, 도면, 사진, 도식화 등으로 어느 정도 구체적인 개념화(개념설계안 · 개념안 · 개념도, concept design)가 이루어져야 한다. 제품의 개념화는 새로운 아이디어에 대한 구체적인 모형화(modeling)에 의한 시각화(visualization, 가시화)와 기능과 특성의 설명이다.

- 도면 등으로의 기술, 제품의 개념구현(도면화 및 형상화 · 모형화)
  - ㉠ 2D/3D 모델링(modeling), 디자인, 조감도, 개념도, 렌더링(rendering), 그래픽, 애니메이션(animation) 등으로 형상화한다.
  - ㉡ 블록 다이어그램, 플로우차트, 계통도, 체계도, 논리도 등으로 기술의 상관관계를 명확화한다. 이는 다음과 같이 신기술에 대한 정량적인 특성과 예측 성능을 평가하고 파악하기 위한 필요한 요구항목이다.
    - 기술성 : 차별성, 혁신성, 신개념, 기능, 특징, 고도화, 완성도
    - 독창성 : 창의적인 내용, 콘텐츠, 디자인, 부가가치 등
    - 시장성 : 고객의 니즈(needs) 창출 및 선도화
    - 경제성 : 경제에 미치는 파급력

③ 개념설계안 평가 : 타당성(Feasibility) 측정 및 예측 평가

개념설계안(concept design)의 독창성, 기술의 타당성, 기술의 실현(구현) 가능성 판단 및 평가, 실증(실험 및 검증)을 종합적으로 검증하여, 지금까지 없던 신개념의 제품을 사전에 평가 · 판단 및 검증하여 실용화를 위한 선행단계이다.

- 기술의 구현 가능성 예측
- 새로운 공백기술의 탐색
- 방법 : 시뮬레이션, 애니메이션, 전산모사(3D, 매트랩 등 활용)
  - 시뮬레이션(simulation)을 활용한 모의실험으로 기술타당성 제시
  - 애니메이션(animation)을 활용한 동적인 설명(조립/분해/동작 등)
  - 매트랩(MATLAB)을 활용한 알고리즘 및 계량화(수치화) 제시
- 결과 : 기술 타당성 및 실현(구현) 가능성을 확인
  - 예측 모델 구축
  - 평가 모델 구축

④ 개념설계안 검증

- 시제품(prototype) 제작을 통한 평가 및 검증이다.
  스케일업 및 스케일다운으로 제작된 제품 및 시스템의 성능과 기술의 동작성을 최종적으로 검증하고 실증하는 단계이다.

㉠ 선행 시제품 완성

㉡ 선행 성능 시연 및 평가

㉢ 기술의 구현 가능성 확인

㉣ 제품의 완성도 및 기술수준의 확인

- 제품의 구성요소, 구조 등과 기술 수준의 확인
- 향후 세트(완제품), 모듈(부분조립품), 부품, 소재 등과의 연계 개발 및 국산화율 등의 예측 및 확인

- 결과 : 실용화(상용화) 가능성을 확인

㉠ 독창성, 기술의 타당성, 기술 실현(구현)의 검증

㉡ 고유성, 원천기술의 검토와 원천 개념특허(핵심특허)의 확보 가능성 확인

㉢ 후속 연구개발(R&BD, 상세개발 및 설계) 지원의 필요(필요성) 확인

R&BD(Research and Business Development, 사업화연계 기술개발사업)

순수 연구개발인 R&D와는 달리 기술사업화를 위한 연구개발을 의미한다. 원천 연구의 산물인 논문, 특허를 비롯한 지식이나 기술의 상업적 결과를 위해 연구하는 것으로, 그 결과물을 상품이나 서비스 개발과 산업 발전에 사용하는 것을 목적으로 한다. 사업 수립 단계부터 성과 활용과 산업화에 대한 철저한 분석을 통해 과제를 선정하고, 이를 기획, 실용화하는 방법이다. 이는 매출액 증진과 고용 창출을 통한 지속적인 기술발전과 성장을 일으키는 선순환 효과를 위한 실용화 연구개발 사업이라 할 수 있다.

3) 3D 모델링(3차원 Modeling)

① 3D 모델링의 필요성

컴퓨터 CAD(Computer Aided Design, 컴퓨터 응용설계)에 의한 제품의 특징과 전체적 윤곽과 조립구조(구성도), 구성요소, 기술의 차별화된 특성 등을 구체적으로 형상화시키는 작업이다.

- 3D 모델링은 아이디어에 대한 명확하고 구체적인 모형화(modeling)에 의한 시각화(visualization, 가시화)로 이루어진 기능과 특징 · 특성의 설명이다.
- 입체구성도로 핵심기술요소(CTE: Critical Technology Element)의 배치 및 조립이다.

② 날개없는 선풍기의 근본적 문제점 및 개선

'날개없는 선풍기'가 베르누이의 원리에 따른 링 구조와 노즐의 특성상 중앙 부분에서는 바람이 약하거나, 거의 바람이 나오지 않는 근본적인 문제점을 내포하고 있다.

그림 2.11에서는 이런 문제점을 개선하고 해결하기 위해

㉠ 이중 원형 링(ring) 날개없는 선풍기 구조(A와 B부)의 모델링으로 아이디어의 구현을 3차원 입체구조로 보여주고 있다.
특히 맨 오른쪽 '이중 원형 링(Ring) 날개없는 선풍기 작동 구조'의 그림은 A부분이 기존에 바람을 일으키는 구조에서 중앙에서도 바람이 토출되도록 하기 위해서 B부분을 보완 설치하고, B부분의 균일한 내부 바람 전달과 구조물을 지지하기 위해 C부분을 추가로 설치한 구조이다.

㉡ 날개없는 선풍기가 중앙 부분에서는 바람이 약하거나 거의 바람이 나오지 않아 이런 문제점을 개선하고 해결하기 위해 속이 빈 장방형 모양의 링(ring) 형상으로 구조를 변경하였다.

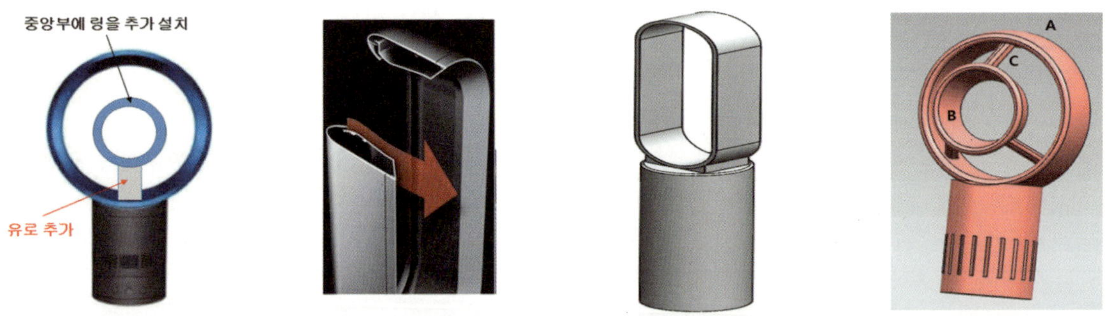

이중 원형 링(Ring) 날개없는 선풍기	링(Ring) 구조와 단면	장방형 링(Ring) 날개없는 선풍기	이중 원형 링(Ring) 날개없는 선풍기 작동 구조

그림 2.11 날개없는 선풍기의 근본적 문제점 개선을 위한 개념설계안(개념도)

4) 그래픽

제품의 특징과 효과 등을 구체적으로 시각화한다. 그래픽은 아이디어 구현과 검증의 필수 조건으로 다음과 같이 진행한다.

① 그림이나 사진, 모델링, 가상 이미지 등을 위주로 하여 시각화
② 시각화는 현상이나 예측 효과를 평면 또는 입체적으로 도시
③ 애니메이션 등으로 연속화된 시각화

기존 선풍기는 뒷부분의 공기를 날개로 단절시켜 앞으로 밀어주는 방식으로 우리가 선풍기 앞에서 소리를 내면 떨리는 이유가 바로 이 '공기의 흐름이 단절'되기 때문이다. 반면 날개없는 선풍기는 공기의 흐름을 바꾸는 방식이기 때문에 기존보다 훨씬 부드러운 바람이 손실 없이 증폭되어 나오게 된다.

그림 2.12는 일반 '날개 있는 선풍기(fan)'와 '날개없는 선풍기(fanless)'의 주요 차별성을 보여주는 그래픽이다.

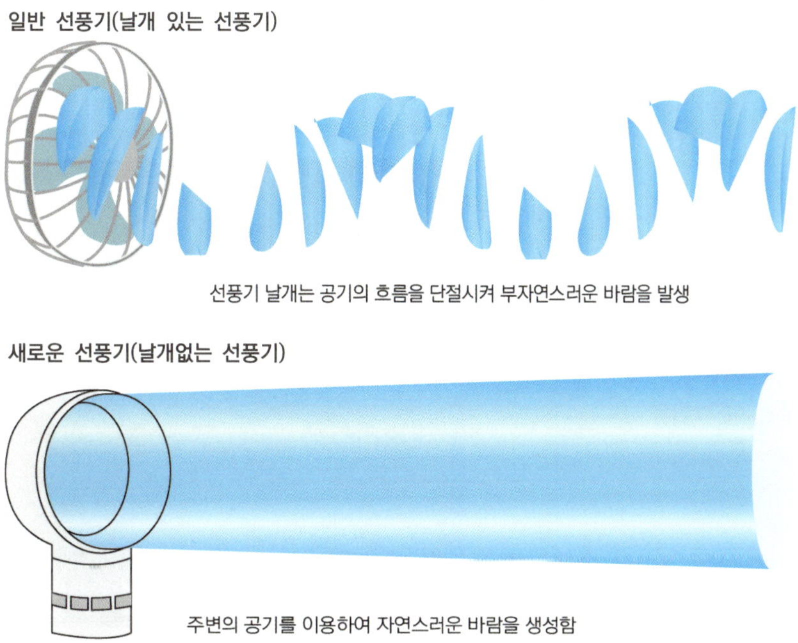

그림 2.12 날개 있는 선풍기와 날개없는 선풍기의 차별성

5) 시뮬레이션 : CAE에 의한 성능 해석(예측 시험모사)

① 다양한 특성을 컴퓨터로 검토 · 분석하여 예측한다.

② CAE(Computer Aided Engineering, 컴퓨터 응용해석)에 의한 시뮬레이션(simulation)을 활용한 모의 실험으로 기술 타당성을 미리 파악할 수 있다.

③ 기술 타당성에 의한 아이디어 실현(구현) 가능성을 확인할 수 있다.

표 2.8에서 보여주는 내용들을 상세히 설명하면 다음과 같다.

① 바람의 유동해석에 의해 링의 A와 B부에서의 풍량 비교 모의실험을 한 결과를 살펴보면, A부에서는 공기 속도의 간격이 아주 촘촘한 반면(속도가 빠름), 링 중앙부 B로 가까이 갈수록 폭이 넓어짐(간격이 커짐)을 확인(속도가 느림)할 수가 있다.

② 따라서 압력차가 링의 주변 A에서는 큰 반면, B부로 갈수록 압력차는 줄어들게 된다.

③ 바람의 유동해석 결과 중앙부 B부에서는 거의 선풍기 바람이 불지 않음을 CAE 해석 결과로 확인이 가능하다.

④ 해석의 주요 변수는 링 구조 형상으로 상세히는 링의 폭, 곡면 형상, 바람이 나오는 홈, 노즐의 형태 및 크기 등에 따라 토출되는 풍량과 방향이 다르다.

⑤ 정확한 공기의 유동해석(fluent analysis) 결과에 따라 최적설계가 가능하다.

▶▶ 표 2.8 날개없는 선풍기에 있어 공기의 유동해석

바람의 유동해석(1) - A와 B부에서의 풍량 비교 실험	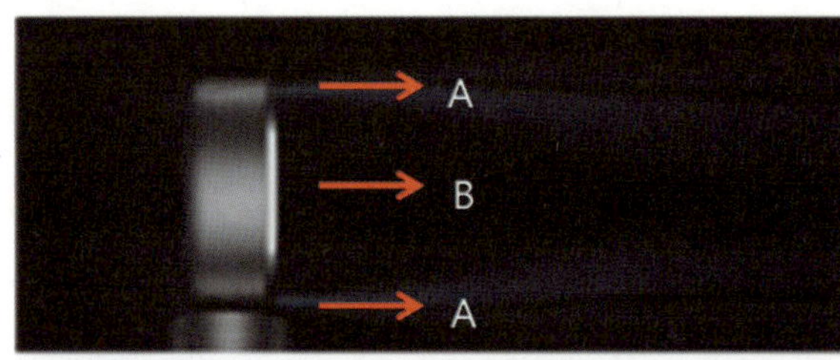 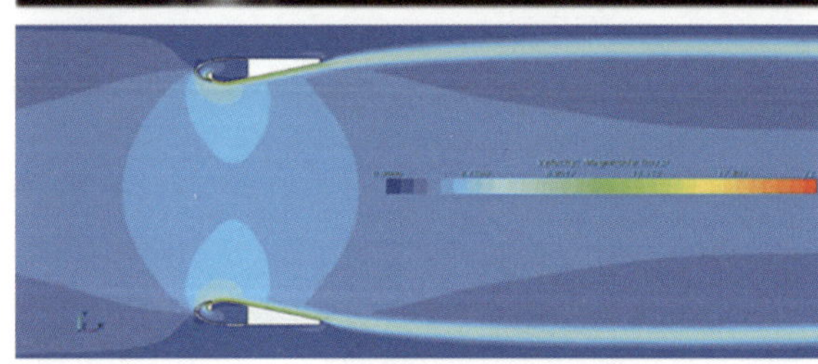
바람의 유동해석(2) - 유동해석(1)의 세부 실험으로, 링(ring)의 중간 부분에 가까울수록 바람이 약하다.	 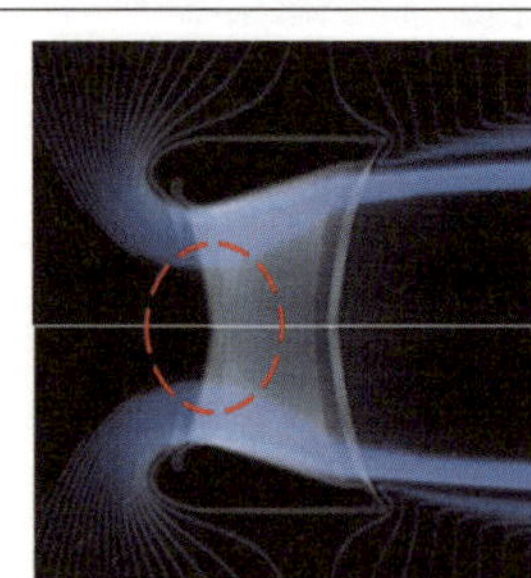 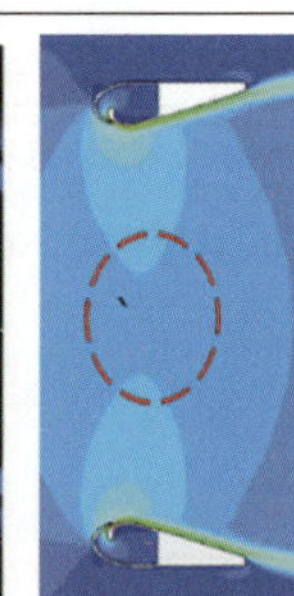

표 2.8 날개없는 선풍기에 있어 공기의 유동해석

바람의 유동해석(3)	
- 바람의 전체적인 풍량 실험으로 링(ring)에서 공기가 토출되는 노즐(즉, 홈)의 원주 부위에서는 공기 흐름의 간격이 치밀하여 바람이 센 반면, 중앙부로 갈수록 공기 흐름의 간격이 커져 상대적으로 링 외부와 링 내부에서의 공기 속도차가 없어져 바람의 세기가 약해지는 현상을 확인할 수 있다.	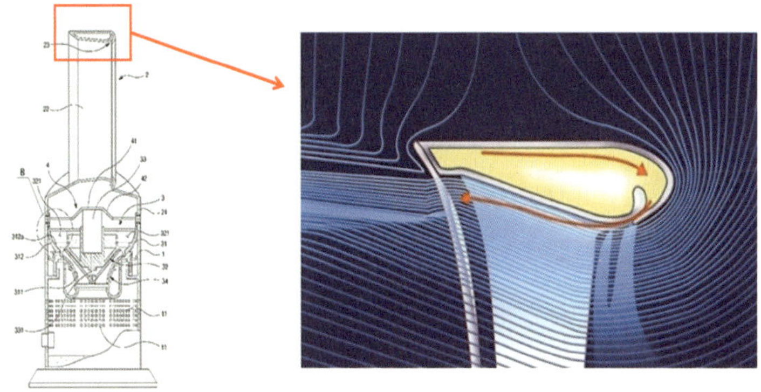

선풍기의 바람을 일으키는 기본 원리는 베르누이의 원리를 이용하여 대기 중의 주변 공기를 끌어들여 바람을 일으키는 것이다.

6) 애니메이션(Animation) 및 동영상

① 애니메이션을 활용한 동영상

여기서는 영국 다이슨 '날개없는 선풍기'의 원래 제품명인 에어 멀티플라이어(Air Multiplier)의 동영상 또는 애니메이션(animation)을 예시로 보여 주고자 한다. 그러면 다음과 같은 장점을 얻을 수 있다.

- 애니메이션 또는 동영상을 통해 제품의 동적인 동작 및 공기의 순환 과정을 순차적으로 확인할 수 있다.
- 특성과 효과를 확인, 예측, 평가, 검증이 가능하다.
- 성능과 작용의 연속성을 보여주어 아이디어 개념 이해와 판단이 쉬우므로 검증도 용이하다.

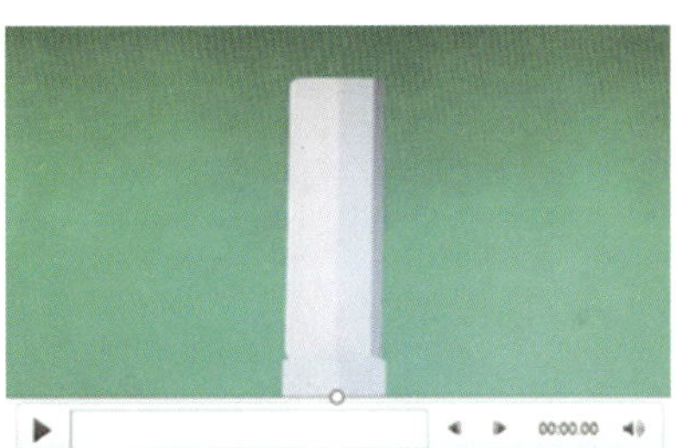

공기 유동해석 동영상

스탠드를 통한 링(ring)으로 공기의 순환

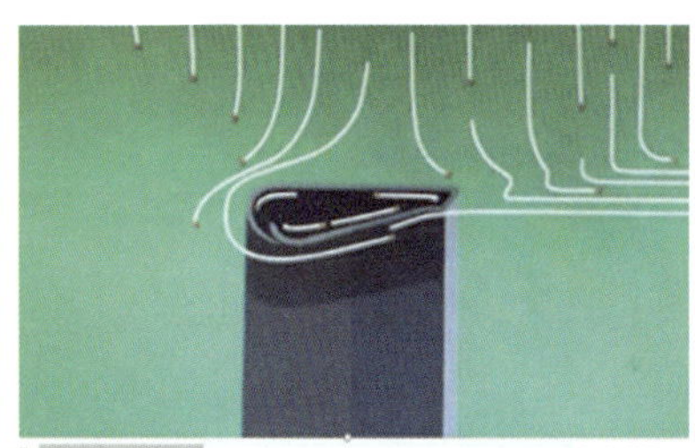

링에서의 공기의 흐름 시작(초기) - 베르누이 원리 작동

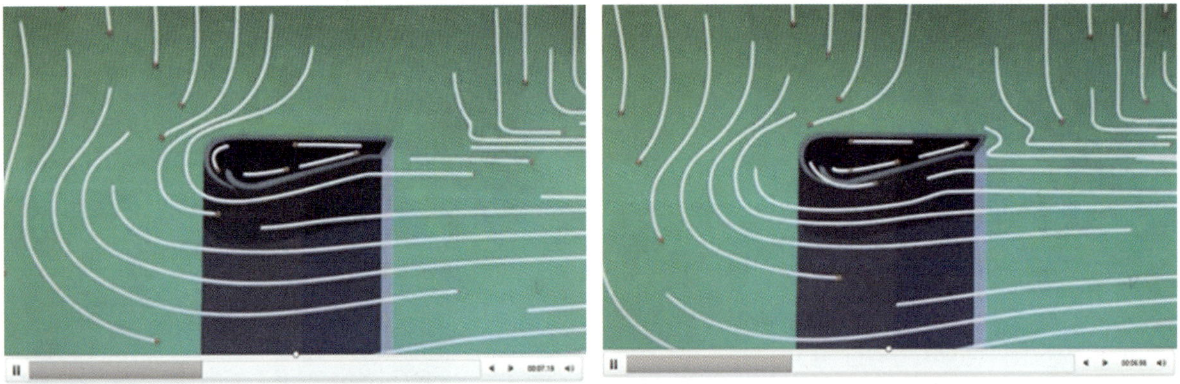

링에서의 공기의 흐름(외부 공기의 유입)	링에서의 공기의 흐름(중앙부로 갈수록 외부 공기의 유입이 약해짐)

그림 2.13 '날개없는 선풍기'의 동영상의 예시

② 정량적 수치 및 객관적 데이터의 제시

시제품(prototype)에 의한 실물 실험·측정 및 계측을 비롯한 유동해석 등에 의한 예측 시뮬레이션에 대한 정확도와 정밀도를 비롯한 기술 구현 가능에 대한 실효적 실증과 타당성 그리고 신뢰성을 갖기 위해서는 정량적 수치 및 객관적 데이터의 제시가 필요하다.

여기에는 다음과 같은 내용이 포함된다.

- 수학적인 수치 및 시뮬레이션 결과값의 예시(사례)
- 예측 모델 구축
- 평가 모델 구축

③ 사례 연구

그림 2.14에 제시하는 그래프 예시를 통한 사례연구를 보여주고 있다.

CAE를 활용한 예측 모델이며, 여기에는 명확하고 정확한 데이터(data, 측정이나 예측되는 실험적 자료나 수치)가 동반된다.

예시1 스마트폰의 낙하 충격해석(무게 145g)

1. 높이에 따른 최대 응력 및 최대 변위 그래프(Graph)

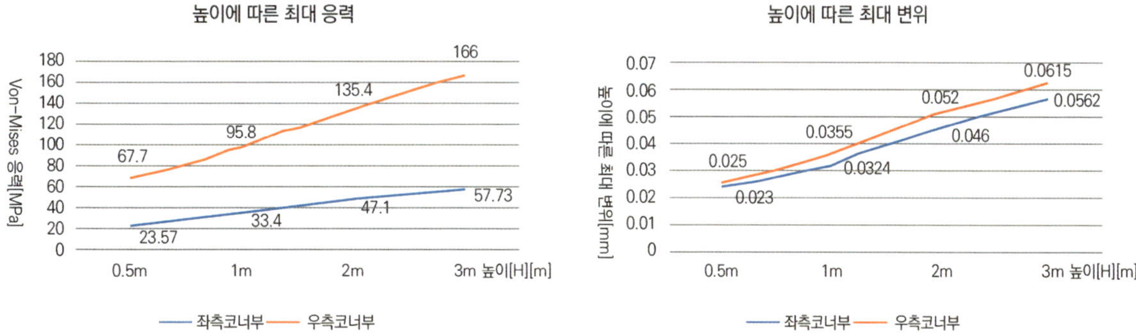

H(높이)	0.5m	1m	2m	3m
좌측 코너부	23.57	33.4	47.1	57.73
좌측 코너부	67.7	95.8	135.4	166

H(높이)	0.5m	1m	2m	3m
좌측 코너부	0.023	0.0324	0.046	0.0562
좌측 코너부	0.025	0.0355	0.052	0.0615

그림 2.14 스마트폰 낙하 충격해석시의 최대 응력 및 최대 변위값(예측치)

2. 개선설계 후 해석결과(응력)

그림 2.15는 Arlon CP-414R Silicone rubber(충격흡수 고무밴드의 추가)를 부착 · 적용한 후의 예상 데이터이다.

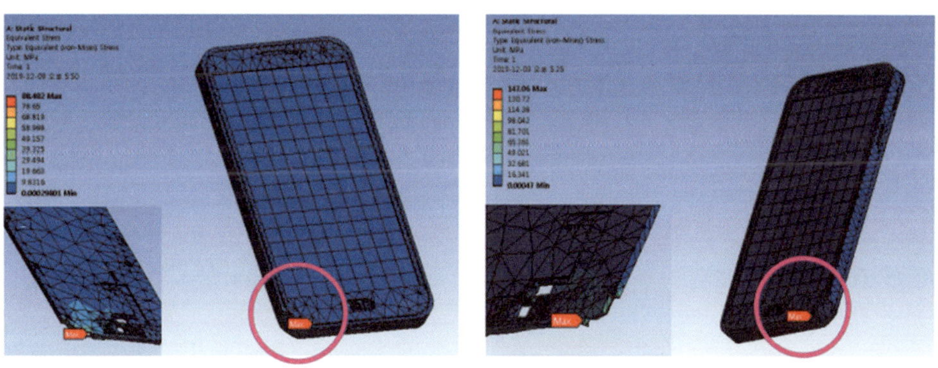

Results	
☐ Minimum	2.9801e-004 MPa
☐ Maximum	88.482 MPa
Minimum Occurs On	silicone rubber
Maximum Occurs On	19. Main body

Results	
☐ Minimum	4.7e-004 MPa
☐ Maximum	147.06 MPa
Minimum Occurs On	32. back case
Maximum Occurs On	19. Main body

그림 2.15 개선설계 후 해석결과 예시(응력)

3. 결론

Arlon CP-414R Silicone rubber(실리콘 고무, 충격흡수 고무밴드의 추가)를 부착 · 적용한 후 우측 코너부분에서의 폰 미세스(Von-Mises) 응력과 변형량과의 예상 데이터는 다음과 같다.

	개선설계 전	개선설계 후
Von-Mises 응력[MPa]	151.6	147
Deformation(변형량)[mm]	0.111	0.106

$$\text{Von-Mises stress} = \frac{151.6 - 147}{151.6} \times 100 = 3.03\%$$

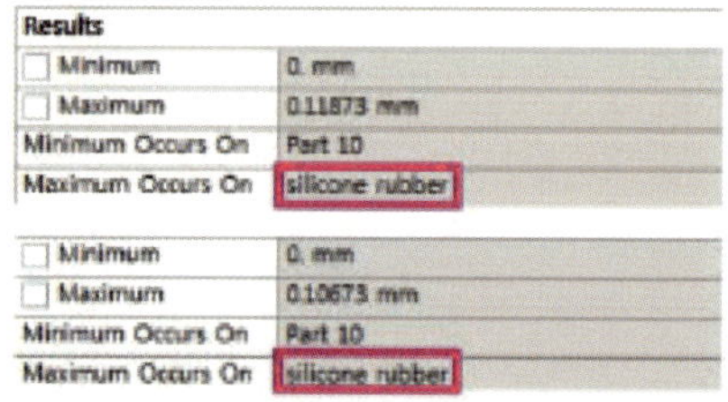

그림 2.16 폰 미세스(Von-Mises) 응력과 변형량과의 예상 데이터의 예시

여기서 예측 데이터를 살펴보면 다음과 같다.

Arlon CP-414R Silicone rubber(실리콘 고무)를 부착한 후 응력집중은 151.6MPa에서 147MPa로 줄어들었고(3.03% 응력집중의 개선), 변형량도 0.111mm에서 0.106mm로 감소하였다.

그리고 어느 높이에서 떨어지든 충격의 영향은 개선됨을 확인할 수 있다. 따라서 Arlon CP-414R Silicone rubber를 적용하여 스마트폰 사이즈와 외관 형상에 맞는 완충재 또는 범퍼(bumper)를 설계하여 추가로 부착하면 충격을 완화시키고 변형을 최소화할 수 있음을 낙하 충격해석 시뮬레이션에서 보여주고 있다.

Arlon CP-414R Silicone rubber(알론 실리콘 고무)

미국의 세계적인 전문 공학재료 회사인 로저스 회사(Rogers Corporation)의 브랜드인 알론 'ARLON® 실리콘 엘라스토머(elastomer, 실리콘 고무 등의 탄성중합체, 즉 탄성을 갖는 고분자재료 · 폴리머) 소재(CP-414R은 자세한 소재의 규격을 표기)로 충격을 잘 흡수하는 내충격성 소재이다. 또한 재사용이 가능한 긴공백을 구성하는데 사용되는 고강도 및 연신율이 우수한 실리콘 고무시트가 널리 사용된다.

⊃ 엘라스토머 소재 솔루션

로저스 회사(Rogers Corporation)의 EMS(Elastomeric Material Solutions)는 광범위한 고성능 공학재료를 제공하며, EMS 제품 포트폴리오에는 PORON® 폴리우레탄 폼(foam, 거품 또는 포말, 발포라는 뜻으로 여기서는 스펀지, 흡음재 등 다양하게 사용된다), BISCO® 고성능 실리콘, ARLON® 맞춤형 실리콘, DeWAL™ PTFE 및 UHMW 필름과 테이프, XRD® 극한 충격완화 소재가 포함된다.

고급 재료 솔루션은 높은 신뢰성과 미션 크리티컬(mission critical) 성능이 필수적인 부문의 제품 및 응용 분야에 맞게 설계되어 있다.

➲ 탄성 재료 솔루션

장치, 시스템 또는 인체에 낙하 또는 충돌과 같은 기계적 충격이 가해지면 파손, 기계적 고장 또는 부상이 발생할 수 있다. 충격흡수 영역의 보호는 고성능 경량 소재를 사용하여 충격과 댐핑 진동을 차단함으로써 달성할 수 있다.

PORON® 폴리우레탄 및 BISCO® 실리콘 소재는 유연한 쿠션이 필요할 때 최고의 충격흡수 소재로 계속해서 입증되고 있다. 둘 다 압축 세트(붕괴)에 대한 탁월한 저항을 제공하고, 우수한 충격흡수, 충격보호, 높은 탄성 및 진동 감쇠를 제공하는 고유한 개방형 셀 구조를 가지고 있어, 광범위한 충격흡수 폼 포트폴리오는 산업, 전자 및 운송 응용 제품의 구성요소를 보호하고 의료, 신발 및 기타 웨어러블 응용 제품의 소비자를 보호하기 위해 특별히 개발된 일련의 솔루션을 제공하고 있다.

➲ 유연한 충격 흡수 – 산업용 구성요소에 대한 쿠션 및 충격 보호

자동차, 항공기, 전자 및 산업 응용 분야의 경우 효과적인 충격흡수는 손상을 주는 충격에너지를 관리하고 흡수하면서 압축 및 반복 사용의 영향을 견딜 수 있어야만 한다. 로저스(Rogers)는 충격에너지를 흡수하고 분산시키는 고성능 충격흡수 솔루션 포트폴리오를 제공하여 쿠션이 보호하는 모든 요소에 대한 스트레스(stress)를 방지한다. 대부분의 충격흡수 쿠션은 시간이 지남에 따라 마모되지만, PORON 폴리우레탄 및 BISCO 실리콘 폼의 고유한 개방형 셀 구조는 지속적으로 사용해도 분해되지 않는 통기성 폼을 생성한다. 이 재료는 압축률이 높고 순응성이 뛰어나며 압축 및 응력 완화에 저항한다.

➲ 웨어러블 충격 흡수 – 소비자 및 의료용 쿠션

웨어러블 쿠셔닝은 소비자에게 신체의 충격과 스트레스로부터 편안한 보호를 위해 적절한 양의 충격흡수 및 탄력성을 제공해야 한다. 충격흡수는 신발에서 운동 장비에 이르기까지 웨어러블 응용 분야에서 매우 중요하다.

쿠셔닝은 모양을 유지하고 착용자에게 지속적인 편안함을 제공하면서 계속 충격을 견뎌야 한다. 병렬 테스트에서 PORON 재료는 비닐 스펀지, 네오프렌 스펀지, 스펀지 고무, 라텍스 폼, 비닐 니트릴 및 고체 점탄성 재료를 능가하고 있다.

로저스(Rogers)의 웨어러블 쿠셔닝 포트폴리오는 디자인 유연성, 오래 지속되는 편안함, 고성능 충격흡수 기능을 제공하여 가장 거친 일상복에도 견딜 수 있다. 편안한 신발이나 보호용 스포츠 장비를 디자인하는데 필수적이다.

➲ 포터블용 IT기기(Device)의 충격흡수

스마트폰, 노트북, PC, 태블릿 등을 비롯한 포터블(portable, 휴대)용 IT기기에 있어 떨어뜨리거나 외부 충격으로부터 충격을 흡수하여 내외부 파손 등으로부터 기기를 보호하는데 최적의 맞춤형 소재 솔루션을 제공한다.

표 2.9는 앞에서 설명한 Arlon CP-414R Silicone rubber(알론 실리콘 고무)의 전반적인 물성을 나타낸 표이다.

▶▶ 표 2.9 Arlon CP-414R Silicone rubber 물성

물리적 특성	미터법
비중	1.35g/cc
기계적 특성	**미터법**
경도, 쇼어 A	60
인장강도, 극한	5.52MPa
파단 연신율	225%
인열강도	15.8kN/m
전기적 특성	**미터법**
유전체강도	15.7kV/mm
열적 특성	**미터법**
최대 서비스 온도, 공기	232℃
최소 서비스 온도, 공기	–56.7℃
UL RTI, 전기	200℃
UL RTI, 충격 없는 기계적	200℃
처리 속성	**미터법**
치료기간	120분
	온도 204℃
	15.0분
	압력 0.345MPa
유효 기간	온도 121℃
	6.00월
	온도 23.9℃

– 설계의 적용 예

Silicone rubber(실리콘 고무)는 어느 높이에서 떨어지든 충격을 잘 흡수하는 탄성을 갖는 연질 재질이다. 쇼어 경도(shore hardness) HsA : 55±5 정도의 값을 갖도록 탄성을 가지면서도 유연한 강도

(strength)가 있도록 설계해 충격으로 받는 부위의 응력과 변형량을 최소화했다.
따라서 개선설계 전에는 외부 하중으로 인한 충격력의 영향이 후면 케이스(back case)에 많은 반면, 개선설계 후에는 탄성을 갖는 Silicone rubber(실리콘 고무)가 충격을 잘 흡수하여 변형량(변위)과 응력이 줄어든 것을 예측 · 확인할 수 있었다.
따라서 Arlon CP-414R Silicone rubber(실리콘 고무)를 적용하여 스마트폰 사이즈(size)와 외관 형상에 맞는 밴드(band, 띠) 형태의 완충재 또는 범퍼(bumper)를 설계하여 추가로 부착하면 충격을 완화시키고 변형을 최소화할 수가 있다.

예시2 스마트폰의 열해석 및 개선결과

1. 애플리케이션 프로세서(AP, Application Processor)의 열해석

스마트폰의 두뇌라고 할 수 있는 AP(Application Processor)의 열해석이다. 스마트폰을 사용할 때 가장 열이 많이 발생되는 부위로 발열에 대한 대처인 방열작용(효과) 또는 냉각장치의 성능이 스마트폰의 사용 품질과 수명을 좌우한다고 해도 과언은 아니다.

그림 2.17은 열해석(열유동해석)에 있어 구속조건을 보여준다.

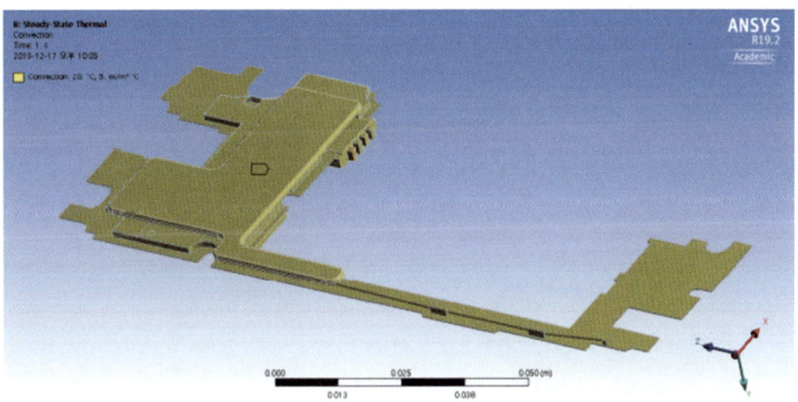

AP의 최고온도 : 55.2℃

Details of "Temperature"	
Scope	
Scoping Method	Geometry Selection
Geometry	1 Body
Apply To	Exterior Faces Only
Definition	
Type	Temperature
Magnitude	55.2 °C (step applied)
Suppressed	No

Details of "Heat Flux"	
Scope	
Scoping Method	Geometry Selection
Geometry	1 Body
Definition	
Type	Heat Flux
Magnitude	69821 W/m² (step applied)
Suppressed	No

주위온도 : 20℃

Details of "Convection"	
Scope	
Scoping Method	Geometry Selection
Geometry	12 Bodies
Definition	
Type	Convection
Film Coefficient	5. W/m²·°C (step applied)
Ambient Temperature	20. °C (ramped)
Convection Matrix	Program Controlled
Suppressed	No

$$Q = \sqrt{hpkA_C}\,(T_S - T_\infty)/A_C = 69{,}821\,\mathrm{W/m^2}$$

$$h = 5\,\mathrm{W/m^2K}$$

$$p = (15.25 + 15.25) \times 2$$

$$k = 3{,}000\,\mathrm{W/mK}$$

$$A_C = 232.5625 \times 10^{-6}$$

$$T_S = 55.2℃$$

$$T_\infty = 20℃$$

그림 2.17 스마트폰의 열해석 및 개선결과의 예시

2. 개선결과

그림 2.18은 메인보드(Main PCB)에 실장된 베이퍼 체임버(Vapor chamber, 저자가 개발한 냉각장치)의 열해석 결과에 있어 열유동을 나타내는 열유속(Total Heat Flux) 결과이다. 방열효과(냉각효과)를 수치적으로 잘 나타내고 있다.

Total Heat Flux

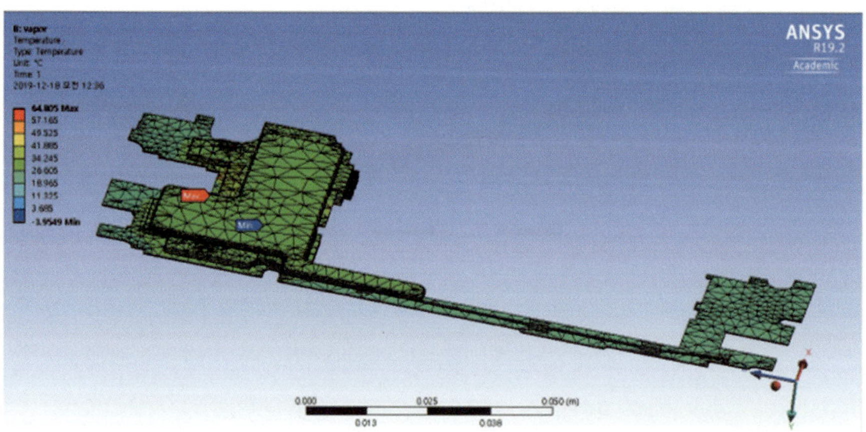

그림 2.18 냉각장치 베이퍼 체임버(Vapor chamber)의 열(유속)해석의 예시

3. 예측온도

열해석에 있어서 온도는 그림 2.19에서 보여주는 바와 같이 예측되었다.

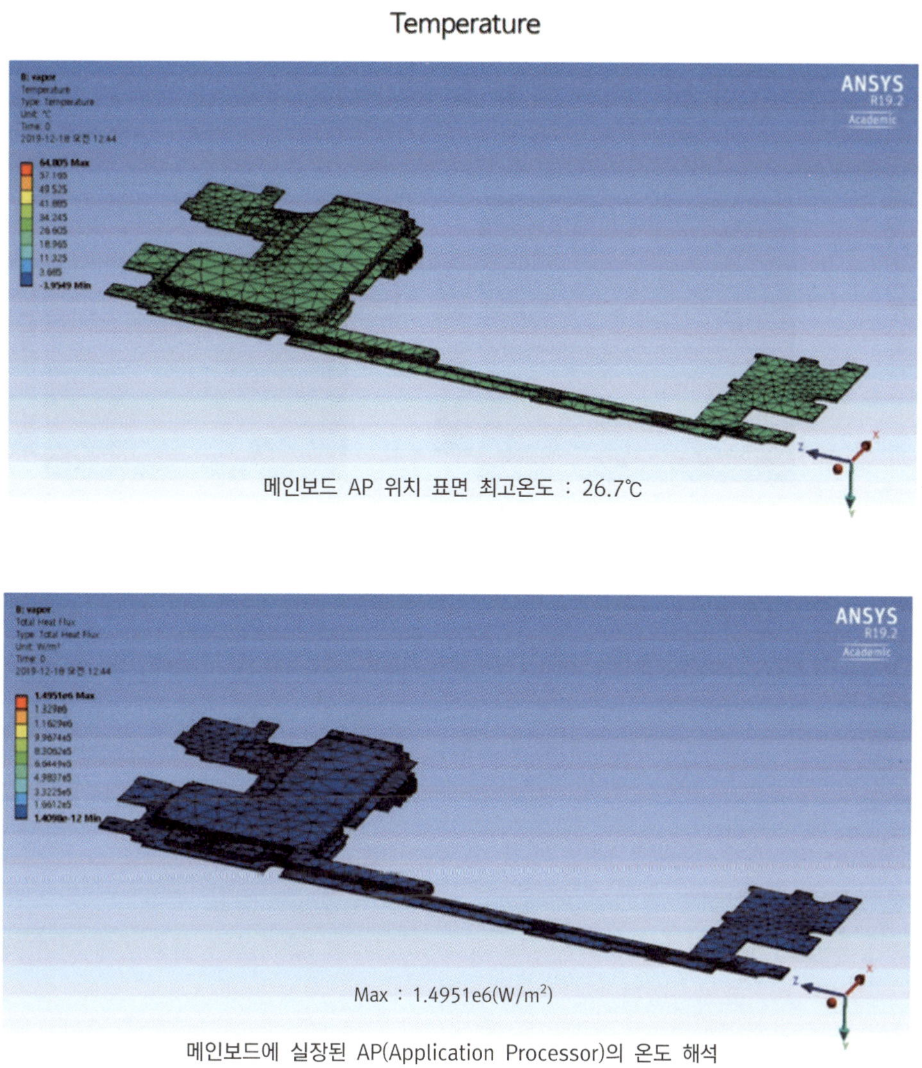

그림 2.19 AP(애플리케이션 프로세서)의 표면 최고온도 및 열해석의 예시

예시3 방열패드의 열유동해석

방열패드(thermal pad) 냉각장치를 사용하여 열유동(열흐름)해석을 진행한 결과, 얻어진 객관적 자료(data)를 보면 그림 2.20과 같다.

열유동해석에 따르면 최대 온도는 26.7℃에서 18.6℃로 약 30.3% 감소했다. 또한 ISP chip 온도는 26.7℃에서 18℃로 8.7℃의 온도 하락으로 약 32.6% 감소하는 것을 예측할 수 있었다.

구분	미 적용시	Air2max COOL PAD 적용시
열화상	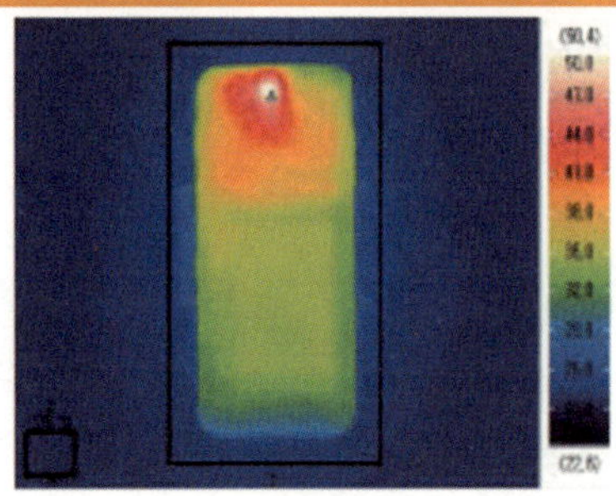	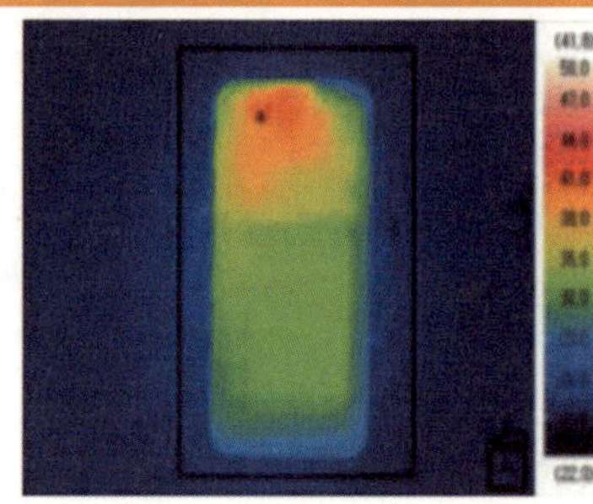
MAX 온도	26.7℃	18.6℃
ISP Chip	26.7℃	18℃
온도저하	8.7℃ 온도 하락	

그림 2.20 Air2max 쿨패드(COOL PAD) 성능 시험표(스마트폰의 ISP Chip에 적용 테스트)

(6) 예상효과

여러 스마트(smart)한 검증 결과에 대한 예상 효과는 아주 크다.

여기서는 정성적이고 추상적인 효과를 배제하고 또한 구체적이지 못한 효과보다는 과학기술과 공학 등을 활용하고 응용한 여러 면에서 심층적인 기술적 검증 결과로 '날개없는 선풍기'에 대한 기술적 가능성과 실증화를 다음과 같이 요약하였다.

1) (높은 안전성) 날개 끼임에 의한 안전사고 미연에 방지

① 검증 결과 개념설계안(concept design)의 안전성과 독창성을 갖고 있다.

② 세상에 없던 새로운 패러다임(paradigm)의 제품으로 판단된다.

③ 디자인 가전을 선도할 제품의 가능성을 보여주고 있다.

정리하면 다음과 같은 특징을 갖는다.

① 사용상의 안전성
② 새로운 과학기술의 적용과 응용
③ 획기적 개선과 개량의 신제품
④ 세계 시장을 선도할 디자인 개념특허의 확보가 가능
⑤ 디자인의 심미성과 차별성
⑥ 원천핵심특허로 특허회피설계가 쉽지 않다.

2) (Air Multiplier) 공기가 고리 모양의 구멍을 통과하여 가속도가 붙고 부드럽고 강력하면서도 고속의 공기흐름을 만들어 내기 위해 주변의 공기를 끌어들여 효율이 높다.

① 검증 결과, 기술 타당성 및 실현(구현) 가능성을 확인했다.
② 새로운 신기술로 과학원리와 과학기술의 적용이다.
③ 기술수준 4단계로 신기술의 고도화로 판단된다.
④ 산업간 융복합기술과 과학의 원리가 적용된 신개념의 제품으로 판단된다.

정리하면 다음과 같은 특징을 갖는다.

① 우수한 성능
② 우수한 바람의 효율
③ 융복합기술의 적용
④ 과학효과의 활용과 응용
⑤ 세계 시장을 선도할 핵심기술 원천특허의 확보가 가능

3) (바람의 직진성) 기존 방식 선풍기의 경우 날개가 공기를 자르면서 바람을 형성하기 때문에 공기의 흐름이 일정하지 않고 진동이 있는 바람이 발생하는 일종의 버퍼링 현상(buffering, 끊김 현상)이 있을 수 있으나, 해당 제품은 진동이 없는 직진성과 안정성을 갖는 증폭 기류를 형성할 수 있다.

① 검증 결과 기술 타당성 및 실현(구현) 가능성을 확인했다.
② 기술수준 4단계로 신기술의 고도화로 판단된다.
③ 산업간 융복합기술과 과학의 원리가 적용된 신개념의 제품으로 판단된다.

정리하면 다음과 같은 특징을 갖는다.
① 우수한 성능
② 우수한 바람의 효율
③ 융복합기술의 적용
④ 과학효과의 활용과 응용

4) (디자인) 기존 선풍기로는 낼 수 없는 수려한 디자인으로 집안의 인테리어 효과를 기대할 수 있다.

① 검증 결과 기존의 틀을 깬 독창성을 가진다.
② 신개념의 제품으로 판단이 된다.
③ 제품의 고유성도 뛰어나다.
④ 세계 시장을 선도할 인테리어와도 잘 어울리는 디자인 가전의 새로운 장을 연 선도적 제품으로 판단된다.

정리하면 다음과 같은 특징을 갖는다.
① 디자인의 심미성과 차별성
② 디자인가전의 효시가 됨
③ 세계 시장을 선도할 디자인 개념특허의 확보가 가능

5) (시각효과 및 편리한 사용) 4계절 내내 사용 가능함에 따라 한 번 설치 장소를 정해 두면 치우지 않아도 된다. 인테리어와 조화가 잘되고 디자인도 미려하다.

① 검증 결과 기존의 틀을 깬 독창성과 고유성을 확보하고 있다.
② 신개념의 제품으로 판단된다.
③ 디자인 가전의 새로운 장을 여는 획기적인 디자인 제품이다.

정리하면 다음과 같은 특징을 갖는다.
① 인테리어와 매칭되는 가전으로 돋보임
② 다양한 형상의 포트폴리오 디자인 구축 가능성
③ 세계 시장을 선도할 디자인 개념특허의 확보가 가능

04 선행개념개발의 결과 요약

(1) 선행개념개발(개념설계 기술개발)의 요점

1) (개념설계) 6단계 프로세스 관점으로 작성

그림 2.21에 다이슨의 '날개없는 선풍기'의 창의적 아이디어 발상과 모방을 통한 개념특허의 분할출원과 선행개발 및 상용화 분석 사례를 자세히 분석하여 설명하였다. 이와 같은 사례에 준거하여(근거를 바탕으로 하는 기준으로 하여) 창의적 혁신제품형 연구 및 기술개발에 있어 또한 세상에 없는 미래기술을 지향하는 원천산업 발굴에 대한 기술사업화에 있어 신뢰성, 객관적인 근거가 필요하다.

따라서 단기 실적 위주의 연구개발이나 사업보다는 중장기 · 중대형사업 및 혁신적 창의도전과제 등으로 체계화시키고 연속성을 갖는 평가와 검증, 피드백(feedback)이 필요할 뿐 아니라 지속적 모니터링(monitoring, 사후 관찰)도 중요하다.

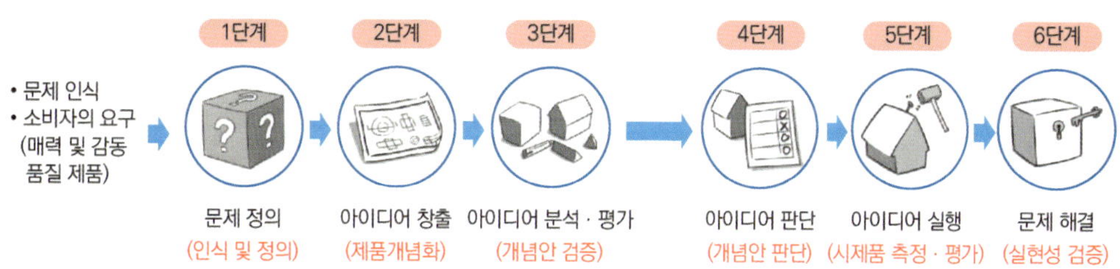

그림 2.21 개념설계 기반의 제품개발 플랫폼(6단계 프로세스)

2) (논문 및 특허출원) 우수한 논문뿐만 아니라 개념특허 도출 및 원천특허 활용이 활성화되어야 한다.

현재는 제품개발 과정이나 생산에 있어 개선 및 개량 위주의 기술수준이 낮은 특허가 대다수이거나 R&D 과제를 위한 결과물(실적) 특허로 특허강도(즉, 특허질)가 낮아 상용화되지 못한 휴면특허들이 많은 실정이다.

이를 타파하기 위한 세상에 없는 미래의 새로운 기술을 발굴하고, 이를 상용화시켜 산업을 비롯한 생활 및 문화 생태계에 선순환을 일으키고 좋은 영향을 끼치는 기술사업화를 하기 위해서는 신개념 및 신기술의 개념특허와 원천특허(핵심특허)의 확보가 반드시 필요하다.

신개념 및 신기술의 개념특허와 원천특허(핵심특허)에 의한 연구개발 사업화가 필요하다. 이에 대한 전제 조건으로 신개념, 신기술의 창의적 개념특허와 원천특허 그리고 창의적 논문을 기반으로 하는 혁신적인 중장기적 IP-R&BD를 축(피봇, pivot)으로 하는 사업화의 획기적 전환이 필요하다.

현재 세상을 바꾸고 있는 디지털 대전환(DX, Digital Transformation)으로 비유할 수 있다. 이를 위해서는 국내 및 해외에 특허를 출원 중이거나 특허를 획득한(등록된) 세계에 없는 신개념, 신기술에 관련된 개념특허와 원천특허, 표준특허 등 강력한 핵심특허(세계적으로 차별화된 특허질과 강도가 높고 우수한)에 대한 플랫폼 구축과 템플릿(templet, 본보기)을 구축하여 표준화된 가이드라인(guide line, 지침), 준거(準據, 근거나 기준), 방법과 방법론(methodology) 그리고 정책 등을 제시해줘야 한다.

3) (인사이트) 새로운 관점으로의 통찰력(Insight)과 도전 미래 신기술, 신개념의 제품 및 서비스 발굴에 있어 시사점

4차 산업혁명과 그 이후의 시대는 전혀 예상하지 못하는 획기적 기술의 빠른 발전과 대변환으로 인해 미래의 불확실성은 더욱 가중되고 있다. 혁명적이라 해도 과언이 아닌 산업과 기술의 대전환 시대에서 살아남기 위해서는 보다 창의적이고 혁신적인 미래지향적 신개념, 신기술의 발굴과 실현이 매우 중요한 요소가 된다.

현재는 가까운 미래에 진부하게 취급되어 사라질 수 있는 서비스도 창의적 아이디어로 디지털 활용과 융복합기술이 결합되어 전혀 생각지 못한 새로운 가치를 창출하는 서비스로 거듭나고 있다.

따라서 새로운 가치 창조를 위해 꾸준히 창조, 혁신, 차별성을 탑재한 고유 비즈니스 모델(BM)이 창출되도록 그 가능성과 실현성도 타진해야 하며, 연구개발을 위한 수요도 발굴해야만 한다. 또한 전통적 블록(block)을 깨뜨리는 창의적 사고 및 도전으로 다양성이 확산되는 미래를 대비해 나가야 한다.

'날개없는 선풍기(Air multiplier)'처럼 전반적인 개념과 과학원리를 내재하고 공학기술로 열매를 맺은 혁신제품에 대한 저자의 상세한 분석은 미래를 대비하는 새로운 제품과 서비스, 시스템 등의 기술사업화 및 상용화에 있어 많은 시사점을 던져준다.

2005년 제임스 다이슨(Dyson)은 사용되지 못하고 묵혀있던 일본 도시바 특허를 발굴하고 모방해, 새롭게 아이디어 착안(발상)과 4년에 걸친 시제품 제작과 성능 실험과 평가 그리고 수많은 시행착오로 개선 및 보완 등을 거친 후 전문가와 소비자의 현장시험 등을 통해 철저한 품질과 신뢰성을 갖춘 '기술이 아닌 과학'이라고 불리는 혁신적 제품 '날개없는 선풍기'를 2009년 10월 세상에 출시한 사례는 바로 기존의 통념을 깨고, 그의 호기심과 통찰력에 의한 기발한 착상으로 기술의 경계화를 넘어 새로운 시장의 창출을 일으킨 창의적, 혁신제품의 기술사업화 및 상용화의 대표적 사례라고 할 수 있다.

많은 이들에게 시사점을 던져주는 동시에 한편으론 도전이 된다.

(2) 새로운 결과물 제시(사례연구)

1) 새로운 제품의 개념설계

① '날개없는 선풍기' 관련 신제품의 개념설계안(Concept design)의 제시
- 기존 시각(다이슨 날개없는 선풍기를 바라보는)

'기술이 아니라 과학'이라는 혁신제품인 다이슨 '날개없는 선풍기'를 바라보는 기존 시각(관점)에서의 작동원리를 다시 한 번 살펴보도록 하자.

㉠ 동작(작동) 원리의 개요

날개없는 선풍기의 원리는 바로 원기둥 모양의 하단 스탠드(stand)와 상단에 있는 속이 빈 링(ring, 고리) 모양의 테두리에 있다.

스탠드 안에는 외부 공기를 흡입하여 상단의 테두리 내부로 보내는 모터가 탑재(실장)되어 있다. 또한 상단의 테두리 안에는 비행기에서 볼 수 있는 제트엔진을 연상시키는 날개인 에어포일(airfoil)이 원둘레로 형성되어 있다. 날개없는 선풍기는 흡입한 공기를 압축시켰다가 내뿜는 제트엔진의 원리를 이용하여 외부 공기를 끌어들이고 상단 테두리에서 순환시키는 방식이다.

날개가 없다보니 모터까지 없다고 오해할 수 있지만, 하단 스탠드에 내장된 전기 모터와 상단 테두리 안의 날개를 작동시켜 아래쪽 공기를 흡입하고 둥근 고리(링, ring) 쪽으로 바람을 올려보내는 방식이다.

이렇게 올려 보내진 바람은 고리 전체를 순환하면서 고리 둘레로 형성되어 있는 작은 틈(nozzle, 노즐로 베르누이의 원리가 적용되게끔 하는 주요 구성기술이다)으로 빠져나오고 바람이 빠지면서 속도차가 생겨, 고리 안쪽 영역과 주변 공기 사이에 압력차이가 발생하며, 이때 둥근 고리 안쪽의 압력이 낮아지면서 선풍기의 주변 공기가 빠르게 선풍기 고리 영역 안으로 흡입돼 속이 빈 공간을 통과하며 바람이 발생하는, 즉 엄밀히는 바람이 이동하여 선풍기 역할을 하도록 한 원리이다.

그림 2.22에 '날개없는 선풍기'의 구성과 원리를 간단하게 나타냈다.

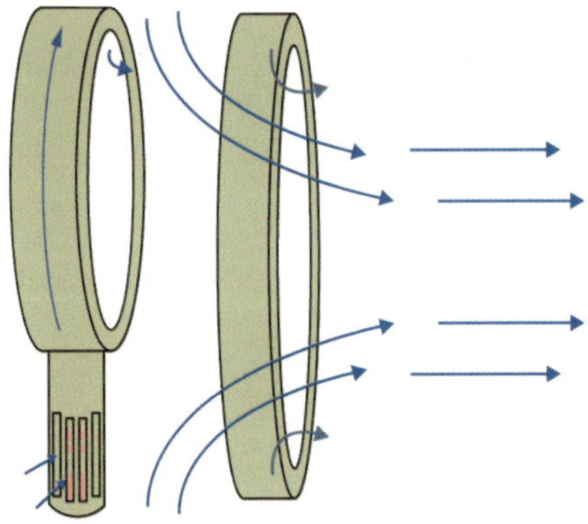

그림 2.22 날개없는 선풍기의 기본구성과 작동원리

앞에서 설명했듯이 '날개없는 선풍기'를 구성하는 주요 구성요소는 하단 내부의 모터부와 상단 내부의 날개부(에어포일, airfoil)이다.

✦ 모터부

현재 판매되고 있는 다이슨 제품은 모터부가 따로 청소할 수 없는 구조로 되어 있다. 이 모터부를 분리형으로 제작하여 개인이 손쉽게 청소할 수 있는 구조로 제작한다면 좋을 것이다. → 모듈형으로 탈착식 방식으로 개선(분리형)

✦ 날개부

날개부 또한 일체형으로 제작되어 청소가 불가능한 형태이다. 이 날개부를 2개 또는 3개의 부품으로 나누어(부분 조립형으로) 청소가 가능하게 제작하여, 개인이 손쉽게 청소하고 다시 조립하여 사용한다면 훨씬 좋은 성능(청정한 바람)을 기대할 수 있을 것이다.

그림 2.23은 앞에서 설명한 동작원리를 좀 더 자세히 설명하기 위해 단면으로 나타낸 단면도이다. 주요 핵심기술인 공기를 흡입하는 스탠드의 모터부와 원형 테두리로 공기가 순환하며 빠져 나가도록 원둘레로 작은 홈(노즐, nozzle)을 갖는 유선형의 날개(에어포일, airfoil) 구조를 만들어, 1차적으로 속도차를 일으키고, 2차적으로 베르누이의 원리에 의한 압력차를 발생시키는 시스템을 만들었다.

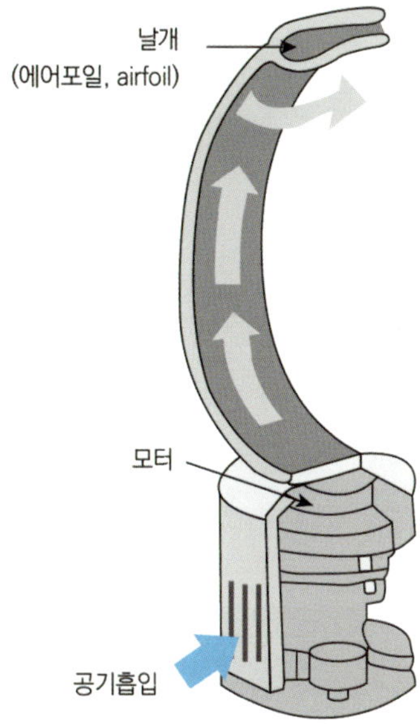

그림 2.23 날개없는 선풍기의 주요 구성(모터부와 날개부)

㉡ 새로운 시각

여기에서는 '기술이 아니라 과학'이라는 혁신제품인 다이슨 '날개없는 선풍기'를 바라보는 새로운 시각(관점)에서 다시 한 번 살펴보도록 하자.

'날개없는 선풍기'도 사용상에서 문제점이 나타난다. 사용자들은 잘 모르고 사용하나, 저자는 독자들에게 획기적인 개량 제품 또는 새로운 제품을 발굴하기 위한 동기부여를 제공하기 위해 이론적, 실증적으로 새로운 시각에서 문제점을 소비자가 불편하지 않게 해결하고자 하는 것이다.

또한 새로운 시각(관점)에서 새로운 아이디어를 창출하고 착안하여 다음과 같이 구체적인 3차원 입체 모델링을 하여 사례연구(case study)로, 세계 최초로 '양방향 날개없는 선풍기'의 개념설계와 모델링 모형을 제시하였다.

㉢ 문제점 분석(날개없는 선풍기의 기술적 문제점)

단점으로 검토된 내용을 살펴보면, 상단 속이 빈 둥근 테두리의 날개 주위 부분에서는 바람이 강하게 나오나, 가운데 부분은 바람이 약하거나 바람이 나오지 않아 바람을 시원하게 해주는 성능이 떨어진다. 이런 문제가 나타나는 것은 '날개없는 선풍기'의 날개(에어포일)의 구조상의 문제로 기인한다. 이 문제를 해결하기 위해 노즐의 날개각을 크게 하면 그만큼 날개 테두리(플랜지, flange)가 커져 외형상으로 보기가 나빠진다. 더불어 속이 빈 공간도 작아져 보기에 답답하고 미관상 좋지 않다.

그림 2.24를 보면 더욱 명확히 알 수 있다.

3차원 CAD로 모델링 설계 후 공기의 전산유체해석(CFD, Computational Fluid Dynamics)에 의한 유동해석(흐름해석, fluent analysis)을 한 결과, 중심 가운데 부분에서는 바람의 세기가 약하거나 거의 나오지 않음을 예측할 수 있다.

㉠ 날개 노즐 주위 부분인 A부는 바람이 강하나, 가운데 부분인 B부는 바람이 나오지 않아 바람을 시원하게 해주는 기능이 떨어짐으로써 시원함의 체감 저하가 있다.

㉡ 바람이 한 방향으로만 나오고, 양방향으로 나오지 않는다. 디자인면에서 볼 때 양방향으로 바람이 나오면 최적의 '양방향 날개없는 선풍기"라는 세계 최초의 혁신적 제품이 될 것이다.

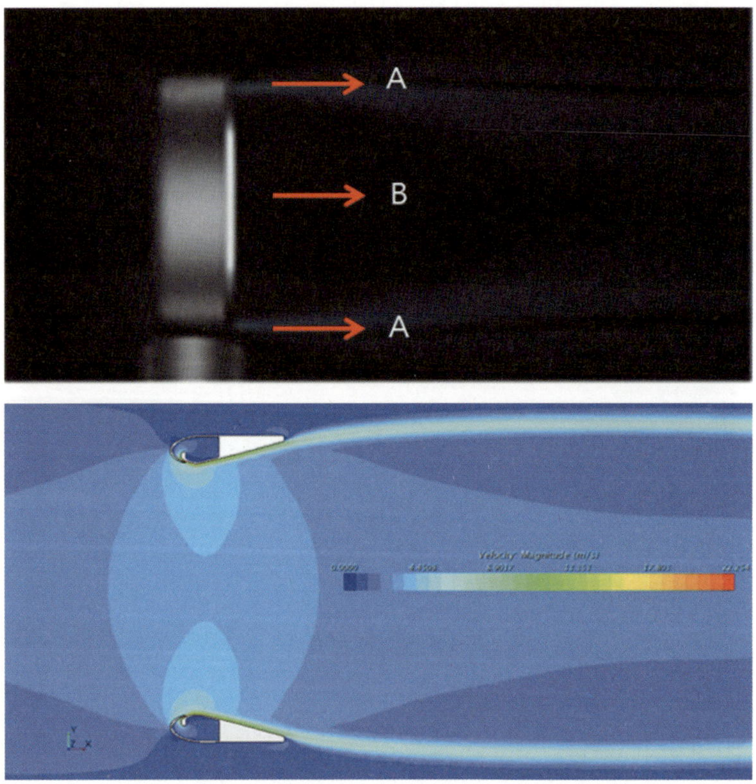

그림 2.24 바람의 방향 위치와 공기의 유동해석(1)

그림 2.25에서 보듯이 날개없는 선풍기에 있어 공기의 유동해석(fluent analysis) 예측 결과 링(ring) 테두리 중심부에서는 거의 바람이 나오지 않는다는 것을 확인할 수 있다.

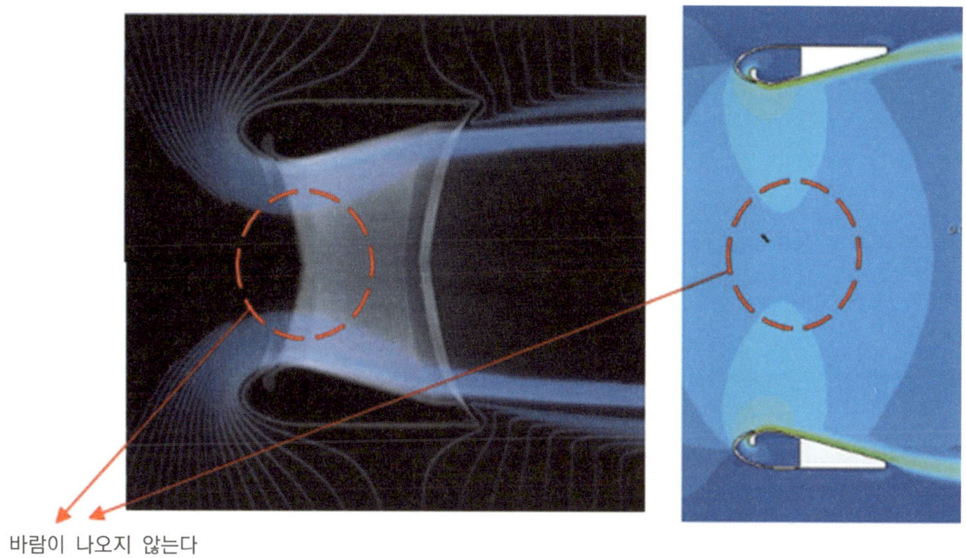

그림 2.25 공기의 유동해석과 예측 결과

이 결과에 의한 바람의 세기를 시각적으로 도시하면 그림 2.26과 같다.

그림 2.26 날개없는 선풍기의 바람의 세기에 대한 표시

그림 2.27은 테두리 중간부분에서 바람이 나올 수 없는 구조임을 유동해석으로 실증하는 바람의 분포를 보여주고 있다. 이런 현상은 날개(에어포일, airfoil) 구조(즉, 구조설계)의 한계 때문이다.

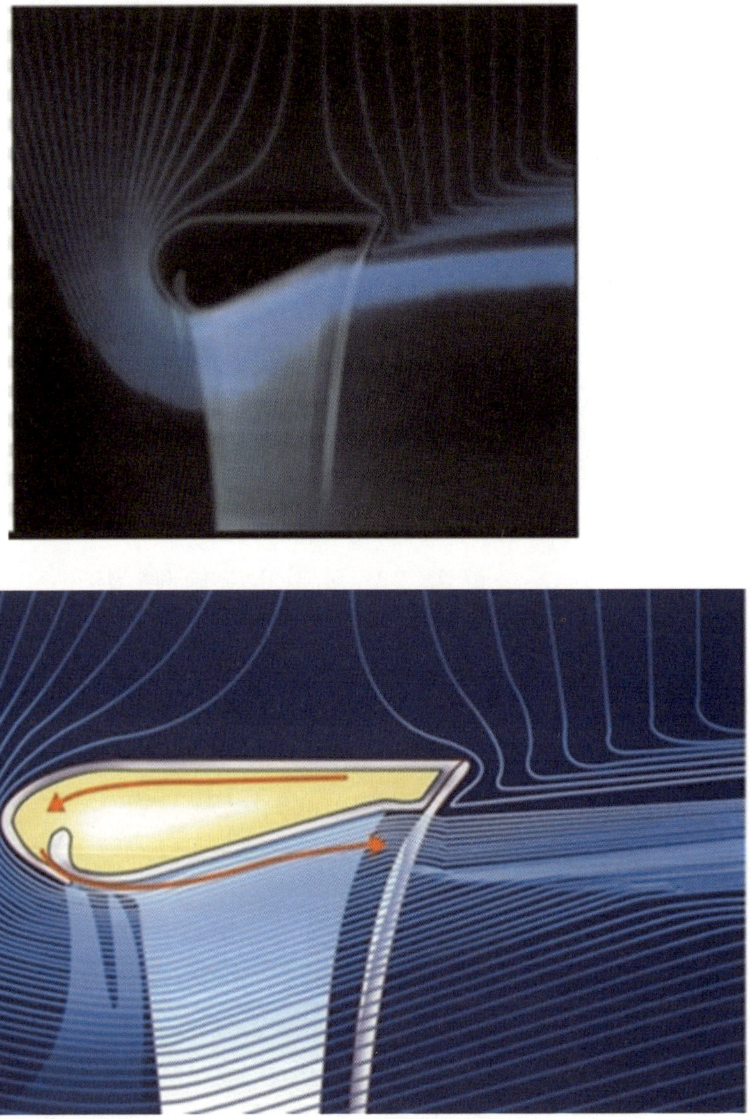

그림 2.27 날개(에어포일) 주변의 공기의 유동해석(2)

㉢ 문제점

현재 다이슨의 날개없는 선풍기 제품(에어 멀티플라이어)은 안쪽 고리(링) 형상이 적용되어 있는 원주 테두리 주변에서만 바람이 나오고, 주변에서 멀어질수록(즉, 중심부로 갈수록) 바람의 세기가 약해지면서 중앙부(중심부)를 중심으로 한 일정 빈 공간에서는 바람이 나오지 않는다.

이는 날개없는 선풍기의 링 고리 테두리의 핵심기술인 순환되는 공기가 바깥으로 토출되는 날개의 작은 홈(틈, 노즐) 주변에서만 속도가 빠르게 공기가 나오기 때문에, 노즐부에서 멀어질수록 당연히 속도가 느려져 그만큼 압력차도 줄어들게 되어 외부와 거의 압력차가 없어지기 때문이다.

② 문제점 해결방안 및 개선(개량) 설계

㉠ 중앙부위에서 바람이 나오지 않는 단점 보완 개선설계

선풍기가 바람을 일으키는 기본원리는 베르누이의 원리를 이용하여 대기 중의 공기를 끌어들여 바람을 일으키는 것이다. 즉, 주변 공기의 재순환과 재활용이다.

개발에 있어 가장 중요한 핵심 구성요소는 강력한 공기를 흡입하는 모터의 성능과 테두리에서 순환되는 공기를 속이 빈 공간으로 바람을 토출시키도록 하는 날개(에어포일)의 형상 및 노즐의 최적화가 핵심설계인 것이다.

그림 2.28은 테두리에 형성된 날개(에어포일)의 형상 및 노즐로부터 공기의 토출과 공기의 속도흐름(분포), 속도밀도(즉, 빠르기)를 보여주는 공기(즉, 바람)의 유동해석이다.

구조를 이해하기 쉽게, 왼쪽 특허도면의 조립단면도에서 날개(에어포일) 단면만을 확대하여 속도의 분포를 오른쪽에 제시하였다. 공기의 흐름 간극(사이, 폭)이 작을수록 바람의 속도가 빠르고, 흐름 간극(사이, 폭)이 커질수록 바람의 속도(풍속)는 작아진다. 여기서는 날개 노즐 주변에서는 폭이 아주 세밀하고, 노즐로부터 멀어지는 중심부로 갈수록 폭이 커짐을 알 수 있다.

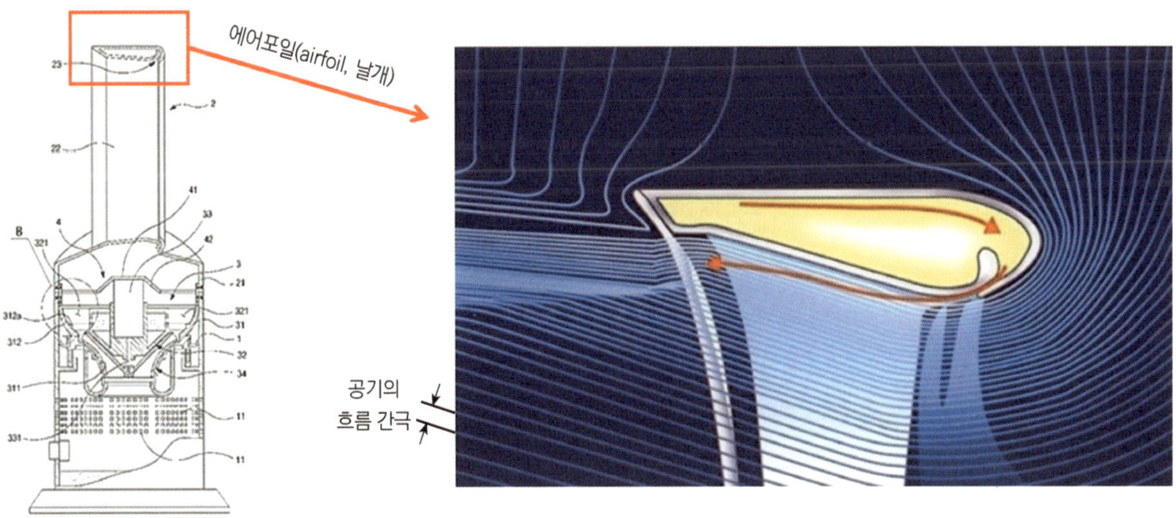

그림 2.28 날개없는 선풍기의 날개부 단면과 유동해석의 결과(예상치)

㉡ 동작 구현의 원리와 메커니즘 1

그림 2.29를 살펴보자. 에어포일(airfoil, 날개) 형상으로 된 날개 A부분이 기존에 바람을 일으키는 구조에서 중앙에서도 바람이 토출되도록 하기 위해서 날개 B부분을 설치한다.

날개 B부분으로 균일한 내부 바람 전달과 구조물을 지지하기 위해 스포크(spoke, 지지하는 살) 형상의 관로 C부분을 설치한다.

관로 C부분의 개수를 3개로 한 이유는 기존의 A부분은 아래에서 위로 바람이 올라와서 균일하게 바람이 공급되지만, B부분에 바람을 보내기 위한 별도의 모터를 추가로 설치하기에는 비용적, 공간적으로 어렵고, 불필요할 것으로 생각되어 B부분으로 전달되는 바람을 보다 원활하게 순환시키고자 관로를 원주방향으로 120도씩 분할하여 구성하였다. 이는 편의상 디자인 측면에서 미적 감각을 고려하여 120도로 나누어 분할 및 배치한 것이다.

제시하는 제품 모델링(modeling)은 앞에서 설명한 개념안을 바탕으로 날개없는 선풍기의 링 고리 중앙부에 또 다른 바람이 토출되는 소형 날개를 추가로 만들고, 스포크(spoke) 관로(배관) 형태의 암(arm)형 소형 테두리 날개를 3개 추가한 이중 링 및 스포크 날개의 복합 구조로 형성된 '날개없는 선풍기'이다.

단, 여기서 추가 설치된 중간 링 및 스포크(spoke) 형태의 관로의 개수는 외관 디자인과 연동되는 요소로 바람의 성능을 고려하여 충분히 변경될 수 있다.

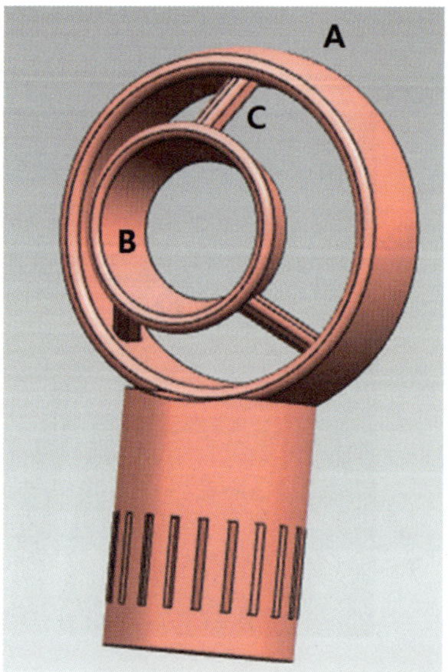

그림 2.29 기존 날개없는 선풍기의 개선설계안(등각 입체모델링)

그림 2.30은 앞에서 보여준 중앙 부위에서 바람이 나오지 않는 기존 날개없는 선풍기의 개선설계안(모델링) 도면을 단면으로 그린 것이다.

링 고리 중앙부의 작은 원형 날개와 3개의 암(arm)형 소형 테두리 날개를 추가한 조립상태를 단면으로 보면, C에서 바람이 작은 링으로 순환되면서 바람을 토출하는 메커니즘이다.

여기서 개념안을 착상해 보면 2가지 경우로 개선설계를 할 수 있다.

- 중앙 링 부위에서만 바람이 토출되도록 하기 위해서는 암은 오로지 관로(배관, pipe 또는 tube) 역할만 하면 된다.
- 중앙 링 부위와 암에서도 바람이 토출되도록 하기 위해서는 암에도 작은 홈(노즐)을 길이 방향으로 뚫어주어, 중앙 링의 노즐과 연결되도록 설계해야 한다.

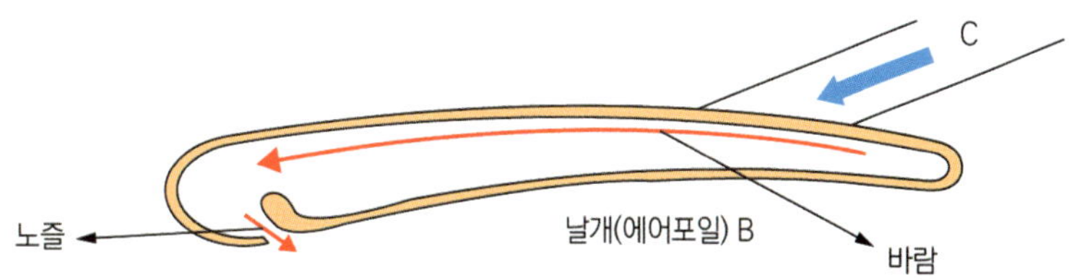

그림 2.30 개선설계안의 단면도

㉢ 동작 구현의 원리와 메커니즘 2

그림 2.31에서 보여주는 저자의 발명안을 자세히 설명하면, 외부 날개(바깥 큰 링)와 내부 날개(중앙부의 소형 링)와의 거리상의 위상 확보가 필요하다. 이는 바람의 부딪힘을 가능한 줄여(즉, 바람의 상쇄효과를 줄여 에너지 손실을 방지하고자) 바람의 세기와 효율성을 높이기 위한 요소이다.

기존 것과의 차별성은 외부 날개(외부 큰 링)의 노즐(1)은 기존과 마찬가지로 노즐을 아래방향으로 설치하고, 내부 날개(내부 링)의 노즐(2)은 위방향으로 설치하여 바람의 효과를 증대시켰다. 또한 내부 날개(링)의 각도는 경사 15도로 하면 외부 날개(링)와 내부 날개(링)와의 바람 편차를 감소시킬 수 있다고 판단했다.

그러나 이런 설계 방법은 중앙 부위에서는 바람이 토출되지 않으므로, 이를 해결하기 위해서는 가능한 내부 날개(내부 링)의 크기를 작게 만드는 것이 유리하다.

또 다른 개념안을 착상하면, 내부 날개(내부 링)에 노즐을 2개 설치하는 방법으로 1개의 노즐(2)는 위방향으로 설치하고, 또 다른 노즐(3)은 기존과 같이 아래방향으로 설치하면 중앙 부위에서도 바람이 토출된다는 것이다. 그러나 이론적으로는 토출량이 위와 아래로 1/2씩 나눠지므로 바람의 세기도 그만큼 반감된다.

우리가 피부로 느끼기에는 그리 민감하지는 않을 듯하다.

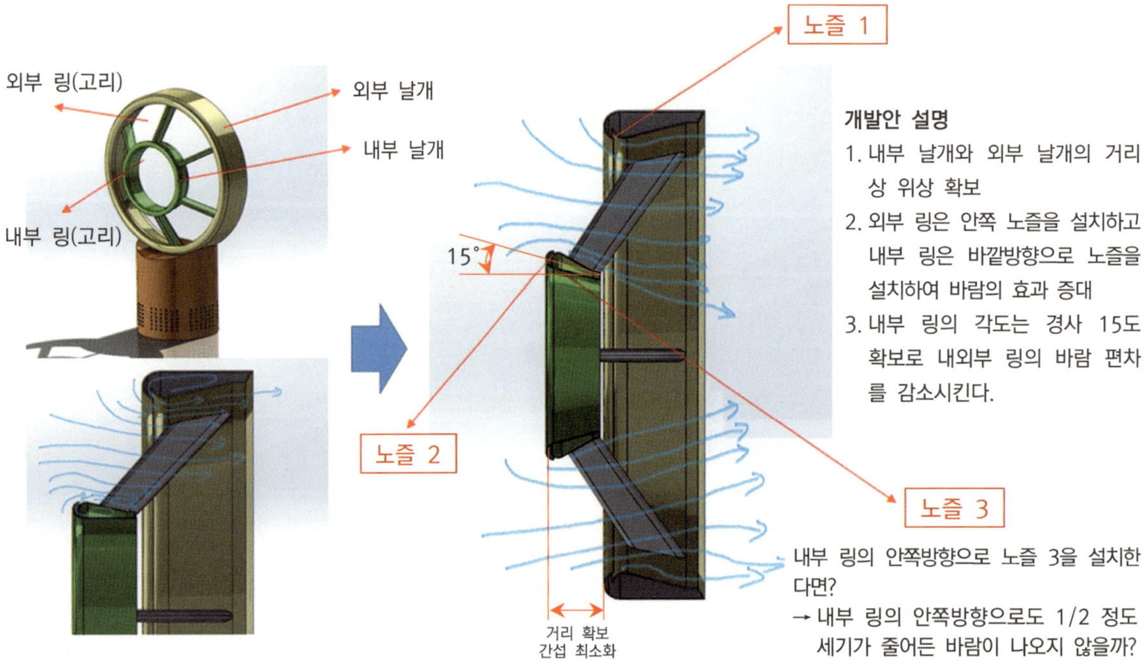

그림 2.31 개선설계안의 입체도, 단면도 그리고 상세설계

기존 날개 주위 부분은 바람이 강하게 나오나, 가운데 부분은 바람이 나오지 않는 단점을 개선한 동심원을 갖는 이중 링 구조 날개를 설계하여 바깥 날개와 결합한 효율 증대 및 풍량 확보를 시도한 최종 개념설계안(개념도)는 그림 2.32와 같다.

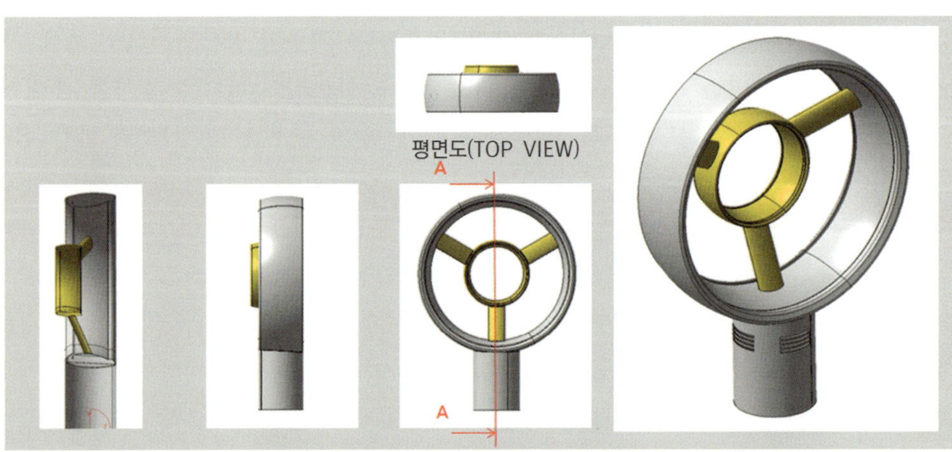

단면도(SECTION A-A) 좌측면도(LEFT VIEW) 정면도(LEFT VIEW) 입체도

그림 2.32 개선설계된 날개없는 선풍기(최종 개념안)

③ 날개 테두리를 원형 형태에서 장방형 또는 타원 타입으로 변경

속이 빈 날개 테두리가 원형 형태가 아닌 장방형 또는 타원의 형태로 설계하여 기존의 문제점을 보완한 제품이 후속 제품으로 출시되고 있다. 이 같은 타원 또는 장방형(원통형) 구조는 중앙 부위를 원형으로 만들지 않음으로써 상대적으로 바람의 간격밀도가 작아지지 않도록 중앙부의 영역을 가능한 줄이는 구조이다.

㉠ 개발방안-개념설계안 1

날개없는 선풍기도 아무런 결점이 없는 완벽한 제품은 아니다. 계속해서 성능과 기능상 문제점을 파악하여 이에 대한 개선을 진행하려고 한다.
다음에서는 문제점과 단점을 보완하기 위한 개선사항의 요점을 설명한다.

▸ **문제점 :** 날개없는 선풍기의 문제점은 바람이 일반 선풍기에 비하여 시원하지 않다는 것과 날개 주위 부분의 바람은 강하게 나오지만, 가운데 부분은 바람이 나오지 않아 선풍기의 기본 기능(역할)인 시원하게 해주는 기능을 못함으로써 사람이 체감상 비효율적인 선풍기라고 느낄 수 있다.

▸ **개선사항**
- 날개를 타원형으로 미려하게 만들어서 중앙에서 바람이 나오지 않는 영역을 보완한다.
- 날개없는 선풍기 내부에 팬(모터)의 개수를 증가시켜 바람의 세기를 증가시키는 방법이 있다.

그러나 여러 개의 팬(모터)으로 인해 소음이 커진다는 단점도 있다. 이런 문제 또한 개선사항이 되는 것이다.

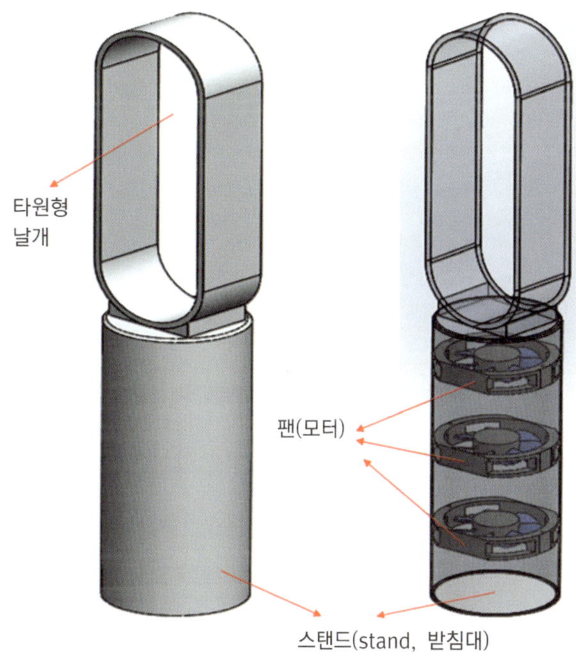

그림 2.33 개선설계된 날개없는 선풍기(장방형 타입)

그림 2.34는 이중 링 구조의 날개없는 선풍기를 기획한 '이중 링 구조 날개없는 선풍기'의 개념안이다. 왼쪽은 일반적인 타입의 원형 이중 링(고리) 구조이고, 오른쪽은 원형 구조를 좀 더 개선한 차별성의 장방형 테두리를 갖는 이중 링 구조이다.

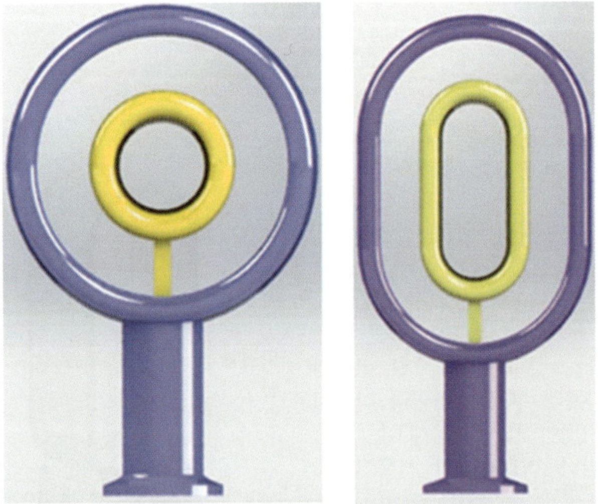

그림 2.34 원형 및 장방형 타입의 '이중 링(ring) 구조 날개없는 선풍기'의 개념도(안)

앞에서 설명한 바와 같이 영국 다이슨도 문제를 보완하여 그림 2.35와 2.36 왼쪽의 초기 모델에서 오른쪽 형태의 후속 모델로 형상이 바뀐 날개없는 선풍기를 출시하였다.
초기 모델(model)에서는 날개없는 선풍기의 스탠드(stand)에 형성된 공기가 흡입되는 통기구멍(ventilation hole)이 타공된 작은 원형으로 원주로 넓게 뚫려 있느냐, 세로방향으로 긴 장방형 막대 형태로 원주 부분 면적으로 뚫려있느냐의 차이가 있을 뿐이다.

원형 타입의 날개없는 선풍기(정면) 장방형 타입의 날개없는 선풍기

그림 2.35 영국 다이슨 사의 날개없는 선풍기 초기 모델과 후속 모델 1
(출처: https://electronics.howstuffworks.com/gadgets/home/dyson-bladeless-fan.htm)

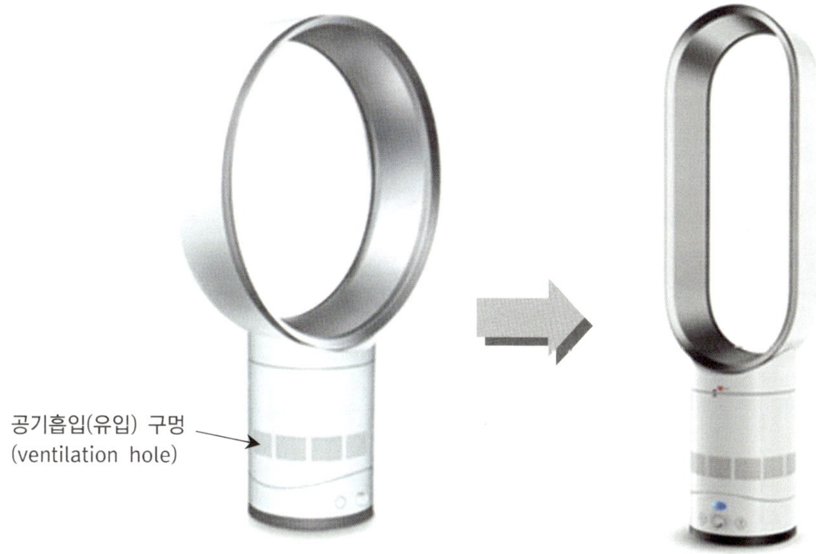

(a) 1차 모델 (b) 2차 모델

그림 2.36 영국 다이슨 사의 날개없는 선풍기 초기 모델과 후속 모델 2
(출처: https://electronics.howstuffworks.com/gadgets/home/dyson-bladeless-fan.htm)

㉡ 개발방안-개념설계안 2

저자가 제시하는 개발안의 특징은 다음과 같다.

바람의 세기가 중앙 부분이 약한 것이 아주 큰 단점이라 할 수 있다.

그래서 큰 장소에서 대중용으로 사용하고자 하는 커다란 날개없는 선풍기를 만든다고 하면 멀리까지 바람이 갈 수 있으나, 선풍기 가까이에서는 중앙부에서 바람이 안 나오기 때문에 바람을 쐴 수가 없다.

이런 단점을 보완하기 위한 개선 개념설계안으로 그림 2.37과 같이 전체적인 날개는 기본 장방형을 응용한 변형 날개 구조로 코안다 효과를 잘 활용하여 바람의 세기를 유지하고 동시에 중앙부에서도 바람이 잘 나오도록 중앙에 원형의 날개를 추가하였다.

또한 1차 장방형 날개에서 2차 가운데 원형 날개로 공기의 흐름을 원활하게 하기 위해 유로(관, pipe)를 90도로 분할하여 원주 방향으로 4개 장착하여 공기의 흐름과 세기를 좋게 하였다.

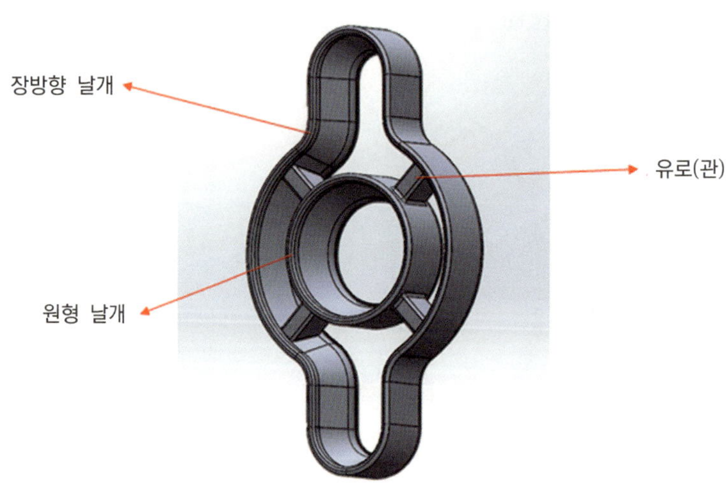

날개 3D modeling(3차원 입체도)

그림 2.37 변형 장방형 및 원형 타입의 '이중 링 구조 날개없는 선풍기'의 개념도(안)

그림 2.37에서 도시한 변형 장방형 및 원형 타입의 '이중 링 구조 날개없는 선풍기'의 개념도 및 개발안의 특징에 대해, 그림 2.38은 3D 모델링을 2D 도면으로 변환하여 3각법에 의한 3면도인 정면도, 우측면도, 평면도로 도시하였다(a). 그리고 등각 입체도를 오른쪽 (b)에 나타냈다.

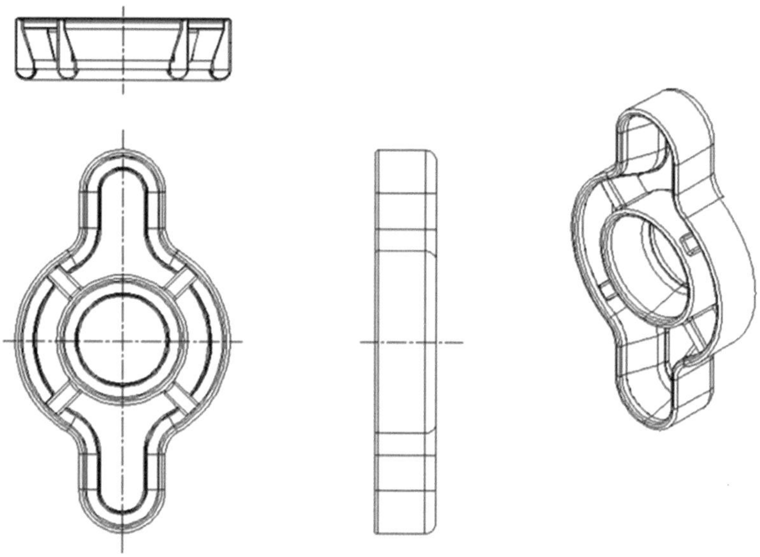

(a) 3면도 (b) 입체도

그림 2.38 2D 드로잉(drawing, 도면)

④ 결론

㉠ 날개없는 선풍기의 원리와 구조, 형상에 관련된 특성을 알 수 있다.

㉡ 혁신적인 개발 과정 및 장단점을 파악할 수 있다.

㉢ 기능분석과 특허분석을 통해 문제점을 파악하고 개선 방향을 돌출(발상 및 고안)할 수 있다.

㉣ 기능분석을 통하여 선행개발의 핵심요소를 파악할 수 있다.

㉤ 새로운 창의적인 개념의 개발방안(개념설계안)을 정립할 수 있다.

㉥ 날개없는 선풍기의 핵심원리를 응용한 새로운 개념의 선도적인 신제품을 기획할 수 있다.

2) 양방향 날개없는 선풍기의 개념설계

저자가 생각하고 고안한 사례연구를 중심으로 최초로 '양방향 날개없는 선풍기'에 대한 창의적 개념설계안 도출과 개발방안(발명)의 전개를 기술하려고 한다.

이는 새로운 제품의 개념설계의 사례 예시로, 특히 세계적으로 유명한 '날개없는 선풍기'를 기본으로 하여 제시하는 새로운 에어 멀티플라이어(Air multiplier, 공기증폭기)의 개발방안 설정과 정립이다.

기존 제품을 보다 획기적으로 개선, 개량해 혁신적으로 발전시킨 사례를 통하여 새로운 신개념, 신기술 제품 연구 및 개발에 방향성을 제시하고 기여를 하고자 하는 데 목적이 있다.

① 양방향 날개없는 선풍기(개발안 1)

여기서는 그림 2.39와 같이 처음으로 '양방향 날개없는 선풍기'의 개발방안을 구체화시킨 상세 개선설계안(개념설계안, 개념안)을 제시한 것이다.

양방향 1차 개선 모델

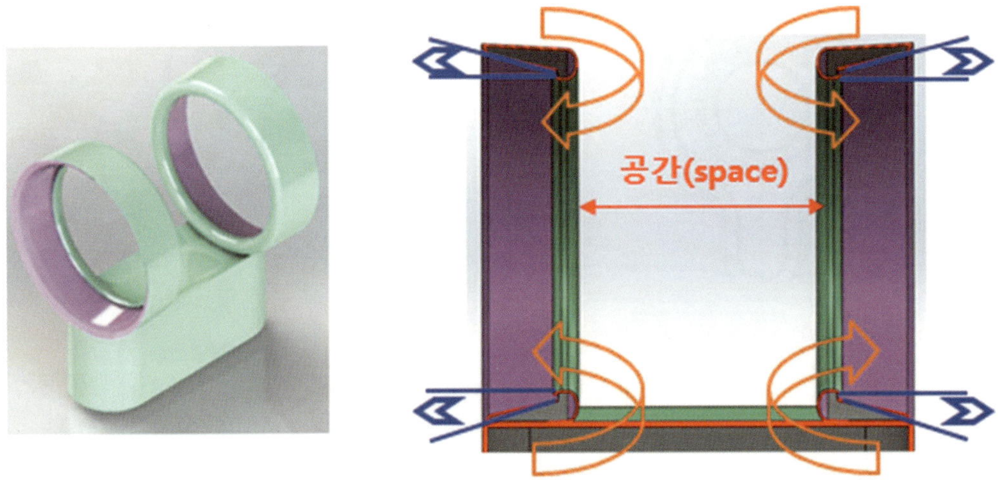

(a) 입체도(3D 모델링) (b) 단면도(section)

그림 2.39 양방향 날개없는 선풍기 1차 개선 모델

㉠ 개선

같은 날개 형상을 대칭으로 하여(즉, 노즐 방향을 서로 대칭으로 해) 바람이 양방향에서 동시에 나오게 한다.

㉡ 세부내용

양쪽에 링(ring) 날개를 대칭으로 배치하는 구조로서 베르누이의 원리를 활용해 외부 공기의 압력차를 이용하는 방식이기에 가능한 바람이 서로 충돌하지 않도록(부딪혀 상쇄되지 않도록) 날개 사이에 어느 정도 공간(space)을 두어 날개를 배치해야만 한다. 그리고 유동해석을 통하여 두 날개 사이의 공간, 링 사이즈, 노즐 등의 변수를 최적화 설정하여 상세개발 및 양산설계를 준비할 수가 있다.

㉢ 개선 모델 문제점

- 단일 모터로 두 개의 팬(fan)에 공기를 공급해야 하므로 출력이 부족하다. 따라서 강력한 흡입 모터의 선정과 복수 모터의 사용도 고려해야 한다.

- 모터 팬에 의해 공기구멍(ventilation hole, 통기구멍)에서 흡입된 공기가 링 날개로 순환되기까지 링 날개로 내보내는 관로를 잘 설계해야 한다. 공기의 흐름을 효율적으로 해주기 위해서는 코안다 효과를 이용한 최적설계가 또한 요구된다.
- 어느 정도의 공기 압력차가 생기도록 공간(space)을 확보해야 한다. 두 개의 팬(fan)이 1대1로 배치되어 압력차가 상쇄될 수 있다. 이 점을 유의해야 한다.

양방향 2차 개선 A모델

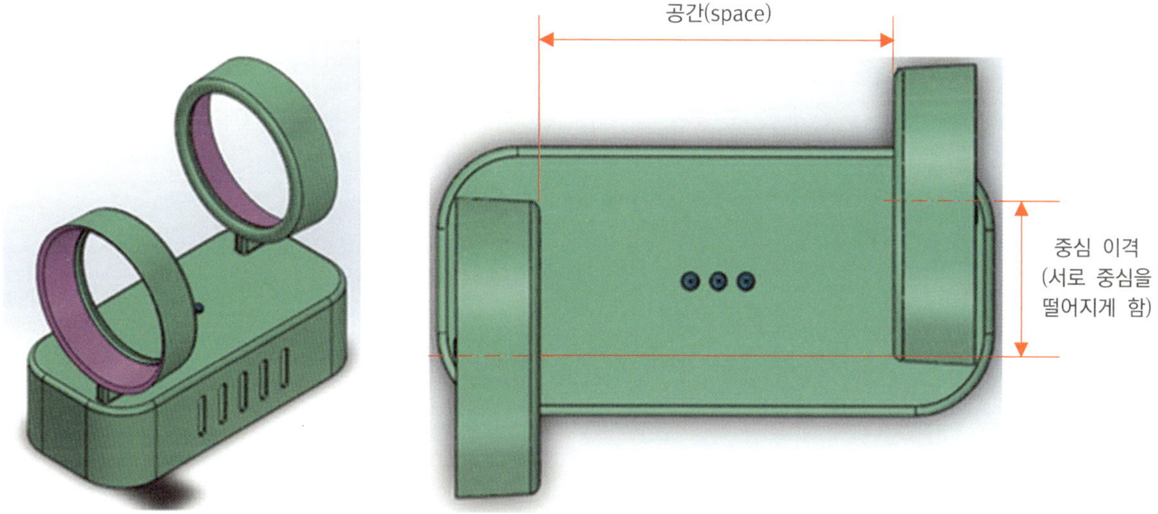

(a) 입체도(3D 모델링)   (b) 평면도

그림 2.40 양방향 날개없는 선풍기 2차 개선 A 모델

㉠ 개선 사항

양쪽에 링 날개를 서로 대칭으로 배치하는 구조에서 베르누이의 원리를 활용해 외부 공기의 압력차를 이용하는 방식은 동일하다. 그러나 링 날개가 서로 같은 중심선상에 있어 바람이 흡입될 때 서로 부딪혀 상쇄되어, 유입량이 적게 되지 않도록 하기 위해 링 날개를 중심선에서 서로 벗어나게 하여 공기의 유입 효과를 개선시켜 양방향 날개없는 선풍기의 성능을 향상시키고자 했다.

양방향 2차 개선 B모델

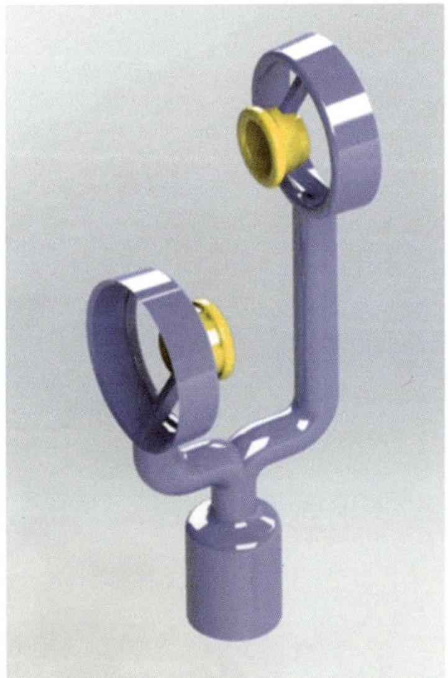

(a) 입체도(3D 모델링)

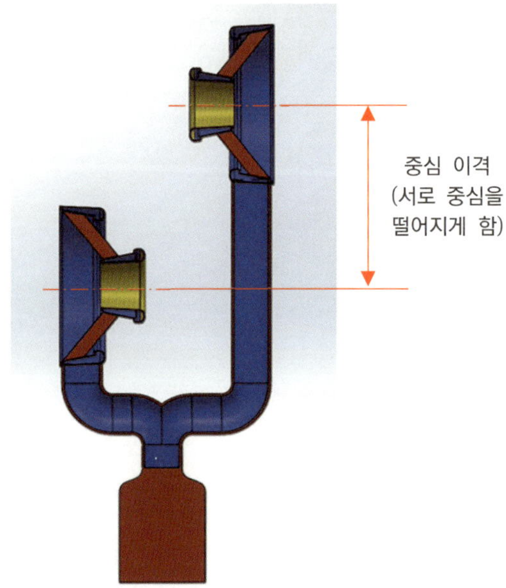

(b) 정면 단면도

그림 2.41 양방향 날개없는 선풍기 2차 개선 B 모델

㉠ 개선

개선 1차 모델의 문제점으로 나타난 서로 같은 중심선상에 있던 양방향 팬(fan)과 팬의 높이를 다르게 하여 바람의 간섭으로 인한 상쇄를 피했다.

㉡ 세부내용

- 개선 B 모델은 두 개의 팬을 동시에 작동시켜야 하기에 2개의 모터를 사용하는 방법 대신에 흡입성능(강한 흡입력을 갖는)이 큰 하나의 모터를 사용하였다(성능 높은 사양).
- 팬 중앙부에 소형 팬을 추가로 부착하여 중앙부에서 손실되는 바람을 보완하였다.
- 2개의 팬의 높이를 서로 다르게 배치함으로써 팬과 팬 사이의 일정한 거리(공간, space)를 둬야 하는 단점을 제거함으로써, 공간 확보로 인한 크기와 차지하는 면적을 줄였다. 따라서 양방향 날개없는 선풍기의 크기와 무게를 줄이는 효과를 얻는다.
- 2개의 팬의 높이를 다르게 배치함으로써 각각 노즐에서 서로 반대방향으로 나오는(토출되는) 바람이 서로 간섭으로 인해 상쇄되는 문제로 바람의 속도가 감소되어 압력 차이가 저하되는 현상을 방지하였다. 압력 차이가 감소하면 그만큼 링 안으로 바람의 유입이 줄어들어, 바람의 세기가 감소하며 선풍기의 성능도 저하한다.

② 양방향 날개없는 선풍기(개발안 2)

새롭게 개념을 정리하여 고안해 제시하는 '양방향 날개없는 선풍기' 개발안의 특징은 다음과 같다.

㉠ 기존 한 방향에서 양쪽 방향으로 바람을 송출하는 선풍기 설계안이다.

㉡ 양방향 송출부 간격 지정으로 바람의 상쇄구간을 최소화했다.

- 날개없는 선풍기의 경우 주변의 기압차로 인해 바람이 이동하므로 두 개의 송출부가 가까이 있을 경우에 바람의 상쇄구간이 발생하고, 특정 구간에서 바람의 세기가 약해질 수 있으므로 송출부의 일정한 간격(사이즈(size)를 최소화시키는 최적화 구간 설정이 요점이다)을 두고 개발 및 설계를 진행한다.
- 따라서 주변 공기의 유입부와 송출부에 있어 공기의 공간 확보를 위한 각 팬(fan) 사이의 일정한 간격을 구하는 최적화 구간 설정이 개발에 있어 중요 포인트가 되므로 CAD(3차원 설계)는 물론 CAE(컴퓨터 해석)를 통해 최적화설계와 성능예측에 의한 사전 평가가 이뤄져야 한다.

㉢ '양방향 날개없는 선풍기'의 주요 특징으로 날개 링(ring)의 안쪽(가운데)이 뚫려 있으므로, 서로 바람을 쐬면서도 얼굴을 마주보며 대화가 가능하므로, 가정용 또는 사무실에서도 유용하게 사용될 수 있다.

㉣ 2개의 선풍기 역할을 하므로 공간 활용이 편하고, 기존 전통적인 사용의 관념을 깨는 사용성과 편의성, 미려함을 갖는다. 또한 한방향으로만 바람이 나오게 하려면 일반 선풍기처럼 한 개의 선풍기만 작동시키면 된다.

㉤ 각 선풍기(즉, 날개 링)를 독립적으로 고정시키거나, 좌우 회전(패닝, panning) 또는 앞방향으로의 상하 회전(틸팅, tilting) 등을 할 수가 있다. 부가 기능은 소비자의 요구(필요) 및 감동을 고려한 개발기획에 의해 얼마든지 용도와 목적, 가격 대비 성능(가성비)에 따라 적용할 수 있다.
부가 기능은 원천적 고유 기능인 '양방향 날개없는 선풍기'에 추가, 보완, 변경, 삭제, 대체 등으로 충분히 그리고 원하는 대로 내응 및 대저할 수 있다는 것이다.
그림 2.42는 양방향 날개없는 선풍기의 공기 유입 및 송출을 위해 각 팬(fan) 사이의 공간 확보를 위한 간단한 배치(layout)용도의 계산의 예시이다.

예상 송출부 간격

$$A = A' = B$$

$$C = A \times \frac{1}{2}$$

$$C = D \times \frac{1}{2}$$

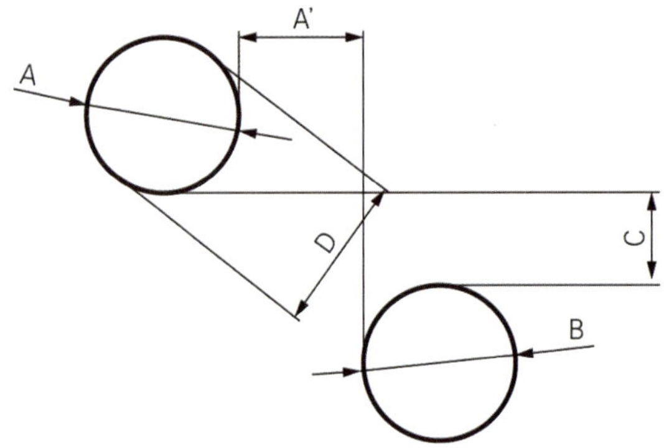

그림 2.42 양방향 날개없는 선풍기의 공기 유입 및 송출을 위해 각 팬 사이의 공간 확보를 위한 간단한 배치용도 계산의 예

그림 2.43은 앞의 배치용 계산에 의해 3차원 CAD로 조립 모델링 설계를 한 '양방향 날개없는 선풍기'의 등각 입체도이다.

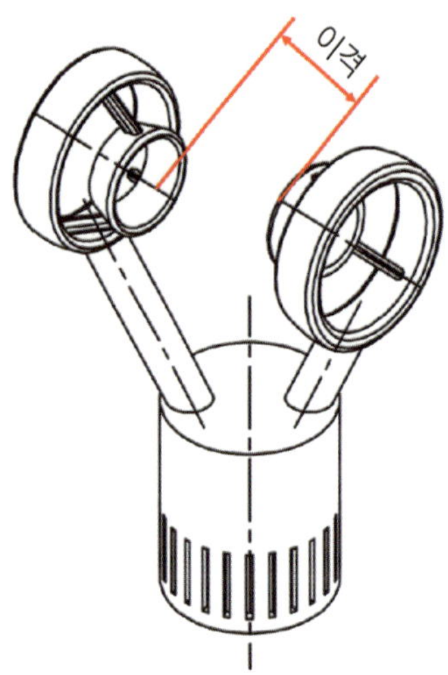

그림 2.43 '양방향 날개없는 선풍기'의 등각 입체도

'양방향 날개없는 선풍기'의 구체화(개념설계와 3D 모델링)

그림 2.44는 앞의 배치용 계산에 의해 3차원 CAD로 3면도(정면도, 우측면도, 평면도)를 나타낸 '양방향 날개없는 선풍기'의 모델링(modeling) 도면이다.

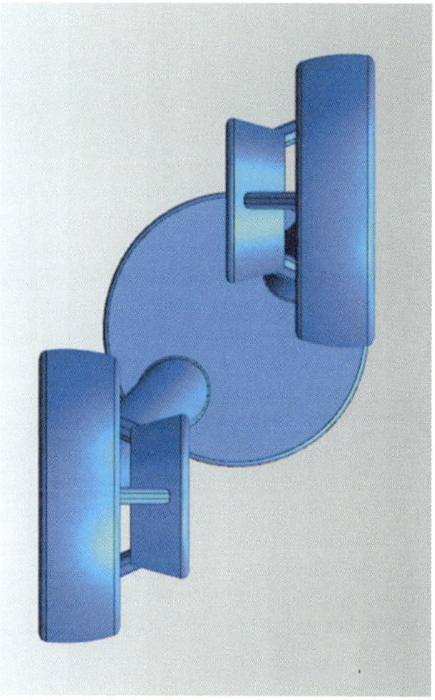

(c) 평면도

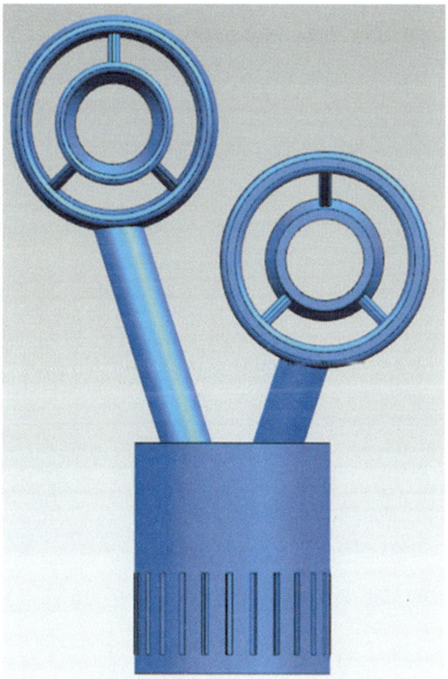

(a) 정면도

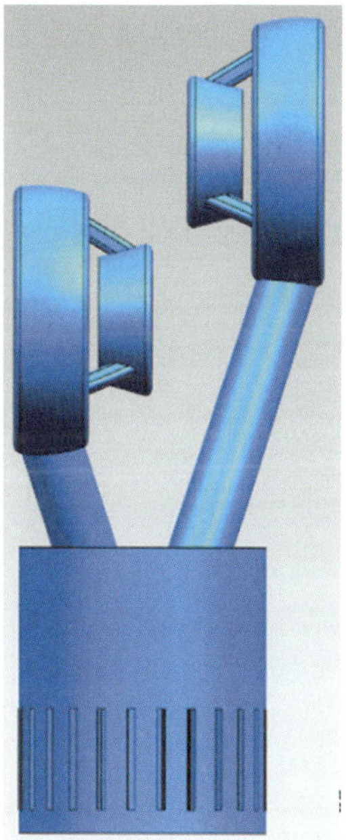

(b) 우측면도

그림 2.44 양방향 날개없는 선풍기'의 3면도 모델링

그림 2.45는 한방향(단방향)으로 바람이 나오는 '날개없는 선풍기'를 더욱 응용해 서로 반대의 양방향으로 바람이 나오도록 고안한 '양방향 날개없는 선풍기'에 대한 개념설계안(개념도)이다.

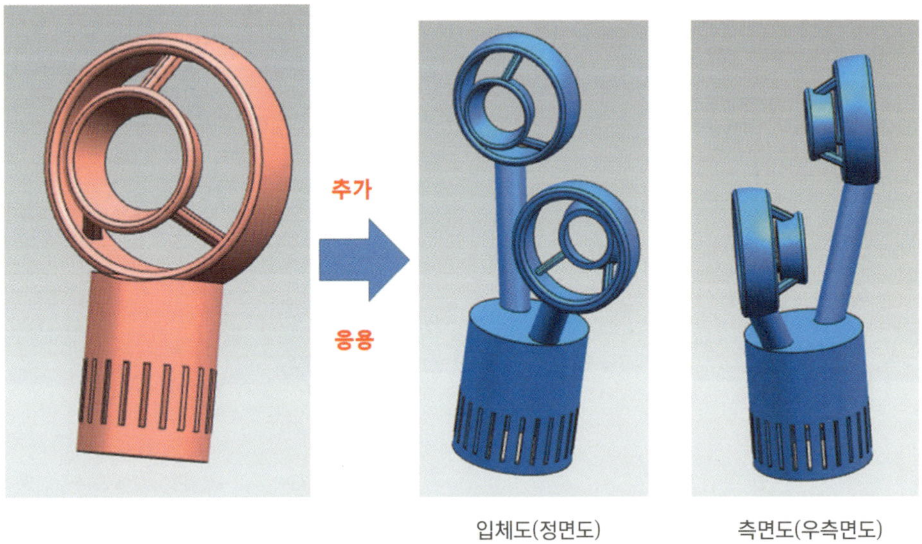

그림 2.45 '양방향 날개없는 선풍기'에 대한 개념설계안(개념도)

③ 양방향 날개없는 선풍기(개발안 3)

그림 2.46에서 보여주는 '양방향 날개없는 선풍기'는 2개의 날개 링의 중심을 일치시킨 앞에서 본 전체적인 구조이다.

1개의 선풍기로만 사용해 한 방향으로만 바람이 나오게 할 때는 원하는 날개 링을 선택해 동작시키는 전원만 켜면(ON) 된다.

스탠드(stand)는 무게중심을 유지하도록 표면적을 넓게 하고, 스탠드 표면에는 공기를 흡입하는 공기구멍(ventilation hole)이 많이 뚫려 있다. 스탠드 안에는 공기를 흡입하는 모터가 실장되어 있고, 흡입된 공기를 2개의 링 날개에 보내도록 암(arm) 형태의 속이 비어 있는 공기 관로가 역시 2개 있다.

중요한 메커니즘은 양방향 날개없는 선풍기로 사용할 때 링 날개를 스탠드 안에 실장된 힌지 회전축을 중심으로 하여, 원 궤적으로 회전운동시켜 펼칠 수 있도록 회전축(피봇, pivot 또는 힌지, hinge)을 구성하고 있다는 것이다.

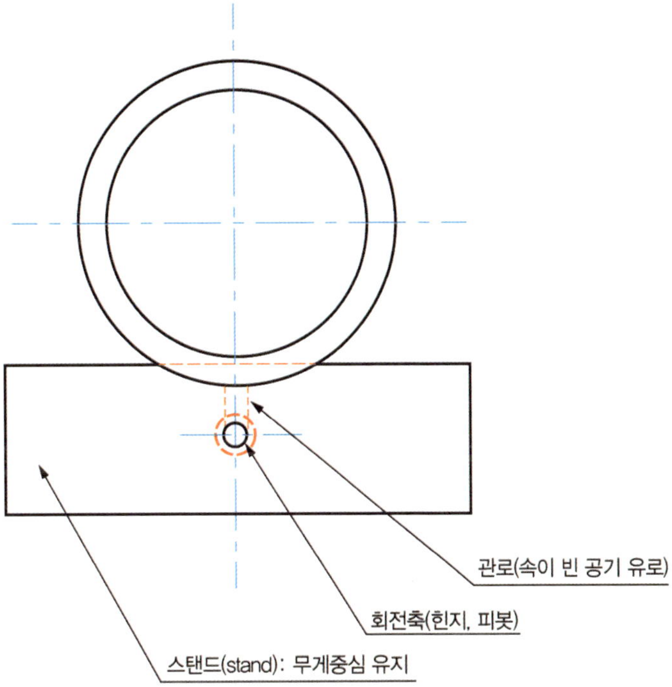

그림 2.46 '양방향 날개없는 선풍기'의 2개의 링 날개를 동심(중심)으로 포갰을 때의 구조(정면도)

그림 2.47은 '양방향 날개없는 선풍기'로 사용할 때의 구조이다. 2개의 링 날개를 힌지 회전축(피봇축 또는 힌지축)을 중심으로 원운동을 하는 원 궤적으로 하여 좌우로 펼쳤을 때의 모습이다. 이때 중요한 것은 좌우 회전각도는 2개의 링 날개에서 공기를 흡입하고 토출할 때 공기가 서로 충돌하여 상쇄되는 현상을 가능한 줄이기 위한(최소화) 최소 회전각도 이상으로 펼쳐져야 한다. 이를 위해 회전모터와 각도 센서를 사용하여 공기 상쇄를 최소화시키기 위한 좌우로의 임의 회전각도 조절이 자동으로 기능하도록 최적화 자동 설계가 되도록 하드웨어(hardware)와 소프트웨어(software)로 프로그램이 설정되어 있다. 최적 프로그램으로 공기의 흡입과 토출 시 상쇄되는 현상을 방지하기 위한 최소 회전각 이상으로 회전하도록 프로그램이 설정되어 모터를 구동하게끔 제어되고 있다.

특징은 스탠드 내부에 있는 회전축을 중심으로 좌우 임의 각도로 링 날개가 펼쳐지도록 자동제어가 되며, 펼친 모양이 미려하게 보이게끔 수동으로의 조작도 가능하다.

링 날개는 상하 중심선을 기준으로 좌우로의 펼침이 대칭 또는 비대칭도 가능하다. 즉, Y축 중심선을 기준으로 좌우로의 각 링 날개의 펼침 회전각이 서로 같거나 다를 수도 있다는 것이다.

'양방향 날개없는 선풍기'로 사용할 때(동작 시) 그림 2.47과 같이 바람이 서로 반대 방향(바람의 방향 1, 2)으로 나오게 되는 원리는 링 날개에 형성된 순환바람의 작은 토출구멍(홈)인 에어포일(airfoil)의 노즐도 서로 반대방향으로 대칭되어 있게 설계한 구조가 핵심기술인 것이다.

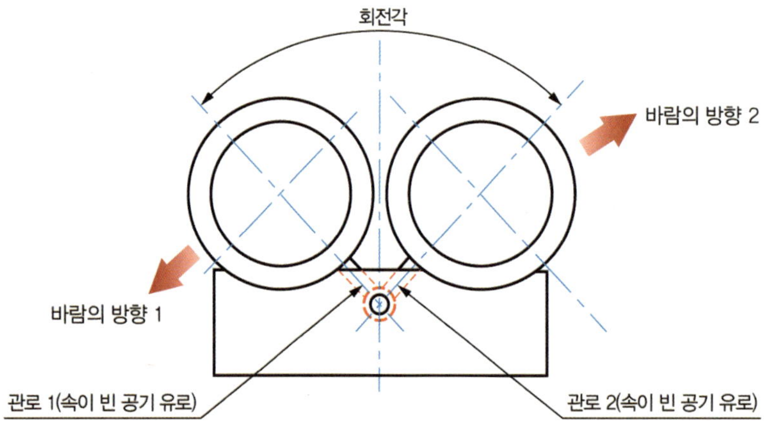

그림 2.47 양방향 날개없는 선풍기로 사용할 때의 구조(정면도)

앞에서 설명한 바와 같이 '양방향 날개없는 선풍기'의 바람이 서로 반대 방향으로 나오게 하기 위한 노즐의 설계(구조와 형상 관련)는 그림 2.48과 같다. 그림 2.48(a)는 바람의 방향 1일 때의 노즐 방향이고, (b)는 바람의 방향 2일 때의 노즐 방향이다. 공기의 토출구멍인 노즐(nozzle, 홈)이 서로 반대방향으로 대칭되도록 설계한 구조를 갖는다.

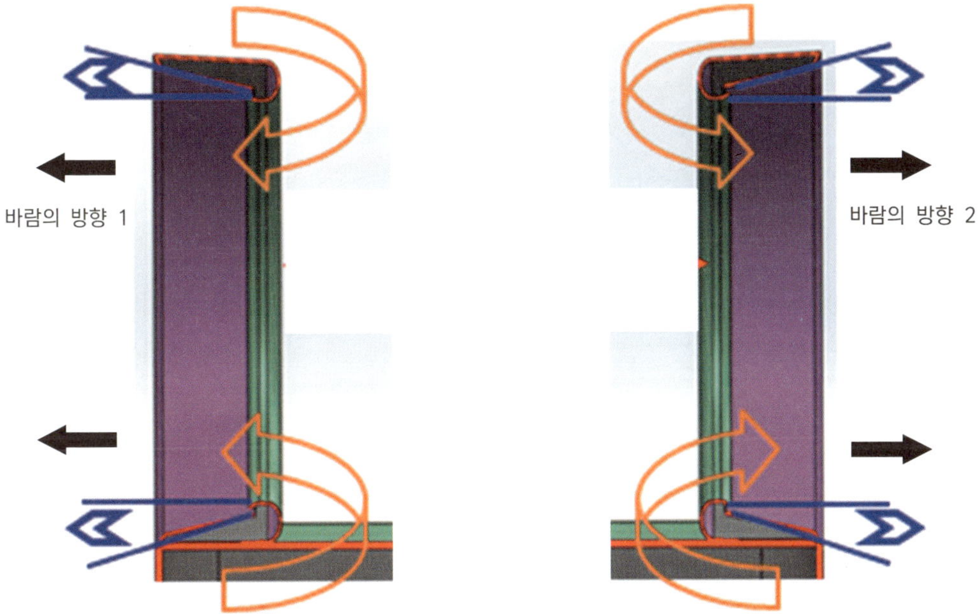

(a) 바람의 방향 1일 때의 노즐 구조와 방향　　　(b) 바람의 방향 2일 때의 노즐 구조와 방향

그림 2.48 양방향 날개없는 선풍기의 바람이 서로 반대 방향으로 나오게 하기 위한 노즐의 설계 및 구조

그림 2.49는 '양방향 날개없는 선풍기'의 측면도이다. 2개의 링 날개(1, 2)에는 스탠드에서 흡입한 흡입 공기를 링 날개로 보내주는 암(arm) 형태로 된 속이 빈 공기유로인 관로(1, 2)가 있다. 즉, 흡입공기는 관로(1)을 통해 링 날개(1)로, 관로(2)를 통해 링 날개(2)로 공기가 송출된다.

또한 각 관로를 회전시키기 위한 회전축이 관로에 서로 힌지(hinge)로 연결되어 있는 모터구동에 의한 회전 메커니즘 운동을 한다.

공기 유입을 강력하게 하기 위해 모터 팬은 1개 또는 2개로 사용할 수도 있다. 그리고 정확한 암(arm) 형태의 관로 회전제어를 위해 정밀도를 갖는 정밀제어 용도의 BLDC(Brushless DC, 브러시리스 직류모터, 회전자에 전류를 공급하는 브러시를 제거한 소형, 고출력의 직류모터) 구동모터가 사용된다.

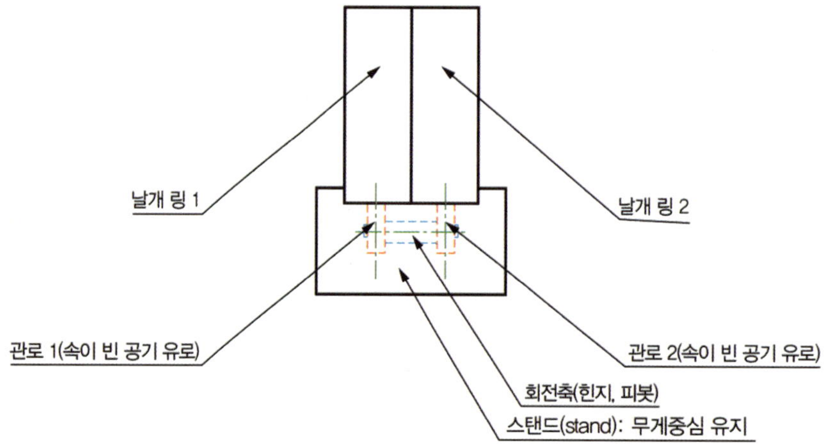

그림 2.49 '양방향 날개없는 선풍기'의 측면 구조(측면도)

그림 2.50은 '양방향 날개없는 선풍기'의 입체를 보여주는 등각 투상도이다.

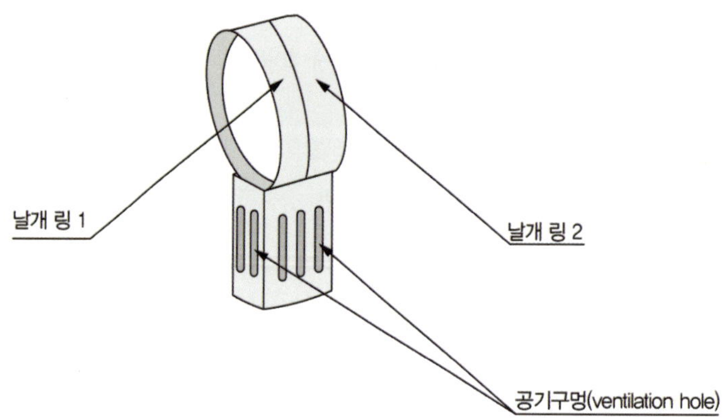

그림 2.50 '양방향 날개없는 선풍기'의 입체도(등각 투상도)

④ 결론(Conclusion)

모방특허 및 과학원리의 응용

우선 원천기술이 되는 특허(patent)가 다이슨(DYSON)의 혁신적이며 차별성 있는 발명품 '날개없는 선풍기'의 핵심 근간(기본이며 토대)이 된다.

또한 다이슨의 특징이며 장점은 전 세계에 '기술이 아닌 과학'의 적용이라고 유명하게 소개되고 있는 포인트(point, 요점)도 바로 기본적으로는 '특허활용'에 있다. 특허활용을 너무 잘 이용했다는 점이다.

다시 말해 고안과 발명의 산물인 특허를 잘 응용하고 활용해 삶의 생태계에 기여했다는 것이다.

두 번째로 공지된 고안기술인 특허에 전통적인 공학기술은 물론 다양한 과학원리를 잘 적용하고 응용해, 창의적이고 혁신적인 새로운 개념의 '날개없는 선풍기'의 제품 출시와 더불어 선풍기에 있어 새로운 역사를 썼다는 사실이다.

그러나 자세히 살펴보면 사례연구의 주제 '날개없는 선풍기'는 다이슨이 이와 관련된 특허를 세계 최초 출원한 회사는 아니다.

최초의 출원은 1980년 5월 28일에 출원한 일본 도시바(TOSHIBA CORP.)이다. 하지만 특허등록도 받지 않고(그렇기에 기술만 공지하고, 지식재산권에 대한 권리가 없다), 제품화를 하지 않은 사실을 다이슨은 놓치지 않고 본국인 영국에서 가장 먼저 특허권을 신청하여 우선권을 획득하였다. 엄밀히 말해서 일본 도시바가 특허등록을 받지도 않고, 사업화도 않던 소멸특허(사용하지 않는 휴면특허)를 재빠르게 발굴하여 이를 모방하고 개량하여 다시 특허권에 대한 실시권을 쟁취한 것이다.

이후 전 세계적으로 특허를 출원하여 그것도 핵심기술 내용을 여러 개로 쪼갠 분할특허로 계속 출원해 특허 포트폴리오로 기술방어벽을 구축하였고, 날개없는 선풍기 산업 분야에서는 독보적인 점유시장을 가지게 되었다.

그리고 '날개없는 선풍기'의 특허를 활용하여 개량된 특허로 제품을 세계 최초로 만들어 내어 시장에 출시하고, 소비자로부터 찬사를 받았기에 특허의 독창성은 물론, 다이슨이 세계적인 창의적 회사로 부각되어 유명해졌다. 1993년 다이슨(DYSON LTD.)의 창업자 제임스 다이슨(James Dyson)은 원래 산업 디자이너 출신이지만, 영국 여왕으로부터 경(Sir)이란 작위까지 받고 영국의 '스티브 잡스(Steve jobs)'로까지 불리는 혁신적 발명가로 창의적 영웅이 된 것이다. 아이러니하지만 서두에서 언급했듯이 창의성은 남의 아이디어를 모방하고, 결합하고, 조합하고, 응용하여 보다 진전된 새로운 것을 만드는 것이다.

여하튼 다이슨은 '날개없는 선풍기'를 기점으로 현재 세계적 생활가전 회사로 성장하여, 과학적 원리를 이용한 차별화된 기술력의 승리라 일컫는 '날개없는 선풍기'를 비롯한 유부선 진공청소기, 헤어드라이기, 공기청정기 등을 비롯한 최첨단 가전제품을 출시하며 선도적 역할을 하고 있다.

또한 가전제품의 핵심기술요소가 되는 성능이 우수한 모터(motor) 등을 비롯한 부품개발에서도 제품을 내놓고 있다.

모방특허의 개선, 개량 및 기술사업화 그리고 분할특허로 원천기술의 지식재산권 확보

하지만 이렇게 과학적이고, 우수하며 개선점이 없어 보이던 '날개없는 선풍기' 제품을 세밀하게 분석했을 때 몇 가지 단점과 불편사항 그리고 필요사항이 발견되었고, 따라서 이를 개선할 수 있는 3가지의 검토결과(개발안으로 개념설계안)를 도출하였다.

㉠ 기존 '날개없는 선풍기'의 단일 방향성(한방향으로만 바람이 나옴)에 대한 단점을 보완하기 위하여 반대방향으로 팬을 추가하여 보다 편의성과 효율성을 보완한 '양방향 날개없는 선풍기'에 대한 고안(개념설계)을 하였다.

㉡ 팬 중앙부에서는 바람이 나오지 않는 문제를 해결하기 위해 중앙부분에 여러 형태의 소형 팬을 추가로 부착하여 문제점을 보완했다.

㉢ 소형선풍기에는 팬을 추가로 부착할 수 있는 공간이 없기 때문에, 중앙부로 바람을 모아줄 수 있는 각도를 꺾은 가이드(guide)의 형상의 관로(pipe, 공기 순환길)를 만들어 좀 더 성능을 보완하여 문제를 해결한 개선설계를 하였다.

일본 도시바(Toshiba)의 '날개없는 선풍기' 특허

㉠ 일본 공지 특허기술

그림 2.51은 세계 최초로 '날개없는 선풍기'에 대한 특허를 출원한 일본 도시바의 특허내용이다. 대표도면에서 보듯이 형상과 특징은 다이슨 제품과 거의 유사하다.

일본에서 공개된 공지기술(1989년)

- 일본공개공보 : JP56-167897
- 출원인 : TOSHIBA CORP
- 출원일 : 1980년 5월 28일

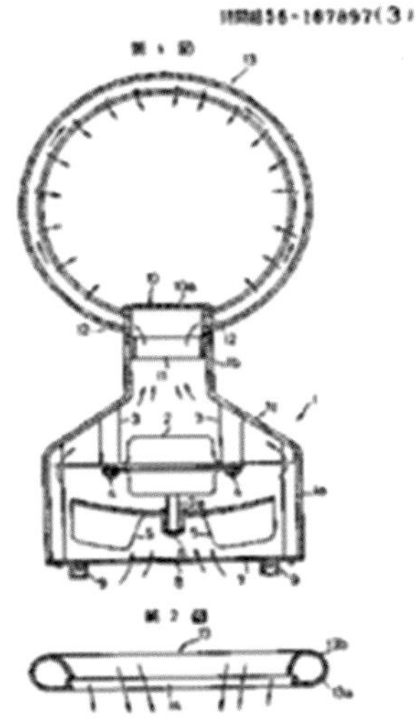

그림 2.51 일본 도시바의 '날개없는 선풍기' 특허 예시

㉡ 다이슨의 전 세계 특허등록 현황

다이슨은 영국에서 특허를 처음으로 받은 후 계속해서 전 세계에 기본특허를 비롯한 분할특허로 특허출원 및 등록으로 실시권을 얻고 있다.

㉢ 다이슨의 세계 특허등록 현황(2022년)

- 한국 : 3건(등록 2건/거절 1건)
- 미국 : 5건(등록 4건/심사 중 1건)
- 일본 : 5건(등록 3건/심사 중 2건)
- 중국 : 2건(등록 2건)
- 유럽 : 3건(등록 2건/심사중 1건)
- PCT : 2건(등록과 관계없음)
- 러시아 : 2건(등록 2건)
- 호주 : 5건(등록 5건)
- 캐나다 : 3건(등록 2건/심사 중 1건)
- 홍콩 : 2건(등록 2건)
- 브라질 : 1건(등록 1건)
- 포르투갈 : 2건(EU번역등록 2건)
- 멕시코 : 1건(등록 1건)

(3) 기술의 완성도(TRL)와 기술사업화 평가항목

1) 기술의 완성도(TRL): 정부 연구과제 연구개발 단계

기술사업화의 단계에 있어 핵심기술이 실제로 구현되어 정량적이며 정상적인 개발목표(평가지표)를 달성하여, 개발목표별 고유성능과 기능을 제대로 발휘하는(동작, 자동하는) 능력을 '기술의 완성도(성숙도)'라고 한다.

① TRL(Technology Readiness Level, 기술개발단계 또는 기술 완성도 · 준비도)

㉠ 기술 완성도(준비도)

- TRL 평가기법은 기반기술 평가방법으로 미국의 NASA(항공우주개발국)에서 개발하였다.
- TRL 평가방법은 체계의 개발에 필요한 기술의 하부단계 요소기술을 분류하고 각 기술별로 현재의 기술수준을 평가하는 방식으로, 이 방식으로 평가되는 기술은 총 9단계의 지수로 평가한다.

㉡ CTE(Critical Technology Element, 핵심요소기술)

제품은 소재, 부품이나 반제품인 모듈 그리고 완제품인 세트(set)로 구성된다. 따라서 요소는 이러한 제품을 구성하는 여러 단위에 있어 적용되는 가장 기본적이며, 핵심이 되는 기술을 '핵심요소기술'이라고 한다.

- 제품이나 서비스 중에 핵심요소기술의 추출과 개발 능력이 그 기술의 완성도를 높인다(핵심요소기술의 필요성).
- 핵심요소기술의 도출, 발굴, 보유, 완성이 기술이전이나 사업화 시 가장 큰 가치가 된다(핵심요소기술의 중요성).

㉢ 핵심요소기술은 기술의 라이센싱(licensing, 대가를 받고 기술을 허용)에서 주요 요인이 된다(핵심요소기술의 가치부여).

② TRL(Technology Readiness Level)의 단계 및 개발 내용

TRL은 핵심요소기술의 기술적 성숙도에 대한 일관성 있는 객관적인 지표이다. TRL 도입은 기술사업화를 위한 R&D(Research & Development, 연구개발) 단계별로 명확한 연구개발 목표설정 및 정량적인 평가기준 설정으로 사업성과 사업화 제고(기술향상 및 고도화)에 기여한다.

그림 2.52는 TRL 9단계와 단계별 개발에 대한 정의를 나타낸다.

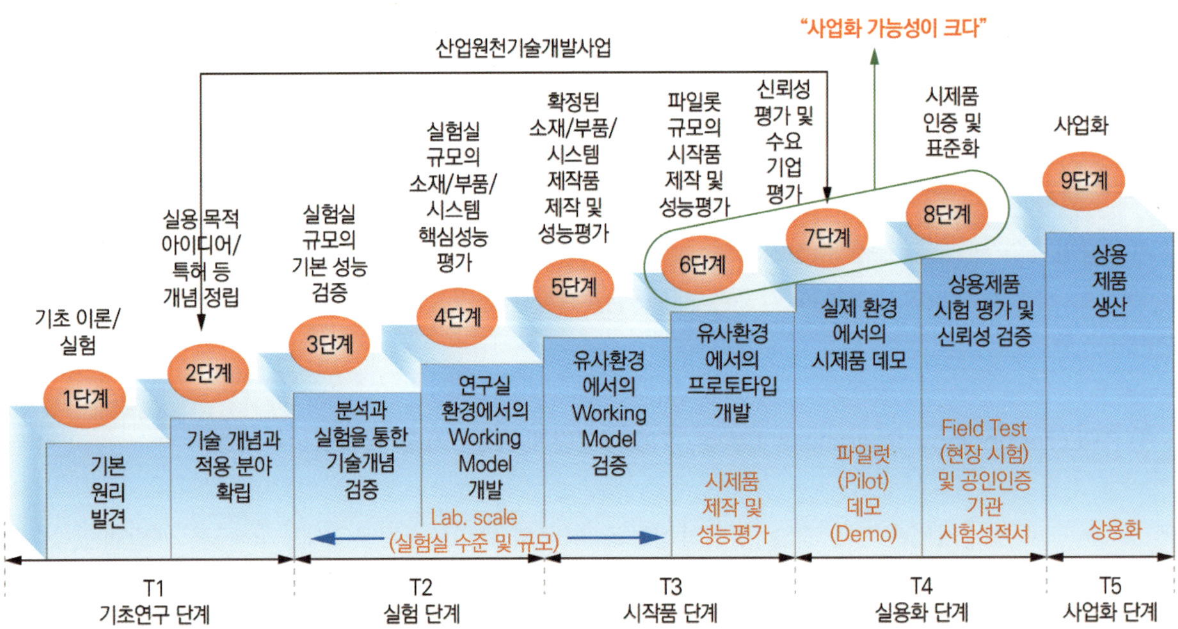

그림 2.52 TRL 9단계와 개발의 정의

TRL 9단계를 단계별로 자세히 설명하면 표 2.10과 같다.

③ 기초 연구(Research)

▶▶ 표 2.10 TRL 9단계

국가 R&D 사업조사 · 분석 (국가과학기술위원회)		지식경제 R&D 사업		
단계	정의(OECD)	TRL 단계		단계별 정의
기초 연구	특수한 응용 또는 사업을 직접적 목표로 하지 않고, 자연현상 및 관찰 가능한 사물에 대한 새로운 지식을 획득하기 위하여 최초로 행해지는 이론적 또는 시험적 연구	1	기본원리 발견	- 기초 이론 정립 단계
		2	기술개념과 적용 분야의 확립	- 기술개발 개념 정립 및 아이디어에 대한 특허출원 단계

④ 응용 연구(Research)

국가 R&D 사업조사 · 분석 (국가과학기술위원회)		지식경제 R&D 사업		
단계	정의(OECD)	TRL 단계		단계별 정의
응용 연구	기초연구의 결과 얻어진 지식을 이용하여 주로 실용적인 목적과 목표 아래 새로운 과학적 지식을 획득하기 위한 독창적인 연구	3	분석과 실험을 통한 기술개념 검증	- 실험실 환경에서 실험 또는 전산 시뮬레이션을 통해 기본 성능이 검증될 수 있는 단계 - 개발하려는 부품 또는 시스템의 기본 설계 도면을 확보하는 단계 등
		4	연구실 환경에서의 Working Model 개발	- 시험샘플을 제작하여 핵심 성능에 대한 평가가 완료된 단계 - 3단계에서 도출된 다양한 결과 중에서 최적의 결과를 선택하는 단계 - 컴퓨터 모사가 가능한 경우 최적화를 완료하는 단계 - 의약품 등 바이오 분야의 경우 목표 물질이 도출된 것을 의미 등
		5	유사 환경에서의 Working Model 검증	- 확정된 소재/부품/시스템의 실험실 시제품 제작 및 성능 평가가 완료된 단계 - 개발 대상의 생산을 고려하여 설계하나 실제 제작한 시제품 샘플은 1~수 개 미만인 단계

				- 경제성을 고려하지 않고 기술의 핵심성능으로만 볼 때, 실제로 판매가 될 수 있는 정도로 목표 성능을 달성한 단계 - 의약품의 GMP(Good Manufacturing Practice, 제조품질관리 기준) 파일럿 설비를 구축 등

⑤ 개발 연구(R&D)

국가 R&D 사업조사 · 분석 (국가과학기술위원회)		지식경제 R&D 사업		
단계	정의(OECD)	TRL 단계		단계별 정의
개발 연구	기초 · 응용연구 및 실제 경험으로부터 얻어진 지식을 이용하여 새로운 제품 및 장치를 생산하거나 이미 생산 또는 설치된 것을 실질적으로 개선하기 위한 체계적인 연구	6	유사 환경에서의 프로토타입의 개발	- 파일럿 규모(복수 개~양산 규모의 1/10 정도)의 시제품 제작 및 평가가 완료된 단계 - 파일럿 규모 생산품에 대해 생산량, 생산용량, 수율, 불량률 등 제시 - 파일럿 생산을 위한 대규모 투자가 동반되는 단계 - 생산기업이 수요기업 적용 환경에 유사하게 자체 현장 테스트를 실시하여 목표 성능을 만족시킨 단계 - 성능 평가결과에 대해 가능하면 공인인증기관의 성적서 확보 - 의약품의 경우 비임상 시험 기준인 GLP(Good Laboratory Practice, 동물실험 규범)기관에서 전임상시험을 완료하는 단계 등
		7	실제 환경에서 시제품 데모	- 실제 환경에서 성능 검증이 이루어지는 단계 - 부품 및 소재 개발의 경우 수요업체에서 직접 파일럿 시제품을 현장 평가(성능뿐만 아니라 신뢰성에 대해서도 평가) - 의약품의 경우 임상 2상 및 3상 시험 승인 - 가능하면 KOLAS 인증기관 등의 신뢰성 평가결과 제출 등
		8	상용제품 시험평가 및 신뢰성 검증	- 표준화 및 인허가 취득 단계 - 조선 기자재의 경우 선급기관 인증, 의약품의 경우 식약청의 품목 허가 등
–	실용화/기술이전 사업	9	상용제품 생산	- 본격적인 양산 및 사업화 단계 - 6시그마 등 품질관리가 중요한 단계 등

파일럿 생산(pilot production)

'기술시작'이라고 한다. 개발완료 후 양산하고자 하는 제품과 동일한 금형(金型, Die)으로 제작된 사출물 또는 정교한 시제품(시작품)으로 대량생산(양산) 라인(line) 설치 이전에 시험적으로 한정된 대수(약 30~50대, 대수는 용도, 특성과 환경에 따라 다르다)를 제작하는 단계이다.

2) 기술완성도(TRL, Technology Readiness Level) 요약

연구개발과 기술사업화는 반드시 연결되어 그에 따른 매출과 고용창출이 이뤄지고, 한편으론 연계산업의 발전과 성장에 기여하며, 파생 또는 새로운 산업분야를 만들어 궁극적으로는 산업발전에 기여하는 순환[입력물(input) 대비 출력물(output)]이 바로 선순환 구조인 것이다. 따라서 이를 위해 여기에 들어가는 막대한 정부의 출연·지원금을 비롯해 기업의 부담금 및 인력 등의 부대비용 그리고 수치로 헤어릴 수 없는 수많은 도전과 시도, 위험부담, 노력과 열정을 쏟은 결과물(창출물)은 반드시 산업발전의 신성장 동력이 되어야 한다는 것이 저자의 신념이며 주장이다.

연구개발과 기술사업화 단계에 있어 기술완성도(TRL) 또는 성숙도, 준비도는 해당 기술을 객관적·실증적으로 구분하여 평가하는 정부, 공공기관을 비롯한 모든 연구개발 및 사업화기관의 평가기준(표준)이 된다.

앞에서 상세하게 설명한 기술완성도, 즉 TRL을 1단계부터 9단계까지 그림 2.53과 같이 아주 간략하면서도 명확하게 정의하여 요약했다.

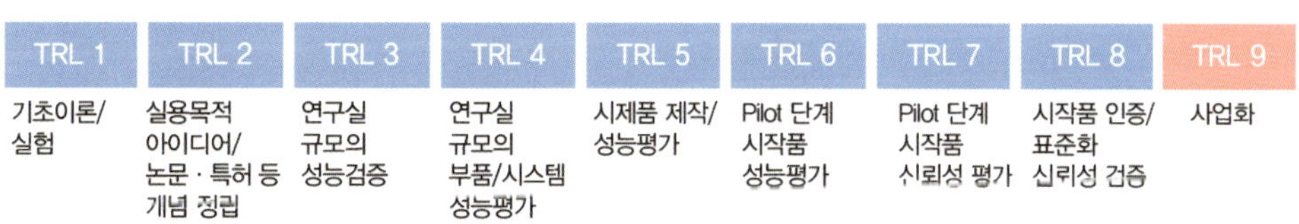

그림 2.53 요약한 기술완성도(TRL)의 단계 구분 및 정의

3) 기술의 완성도와 사업화 성공 가능성

그림 2.54에서 보듯이 기술사업화의 성공 가능성이 높은 R&D 및 창업은 TRL 6단계에서 8단계 정도에 해당한다. 그리고 단계별 수행해야 할 주요 요점은 다음과 같다.

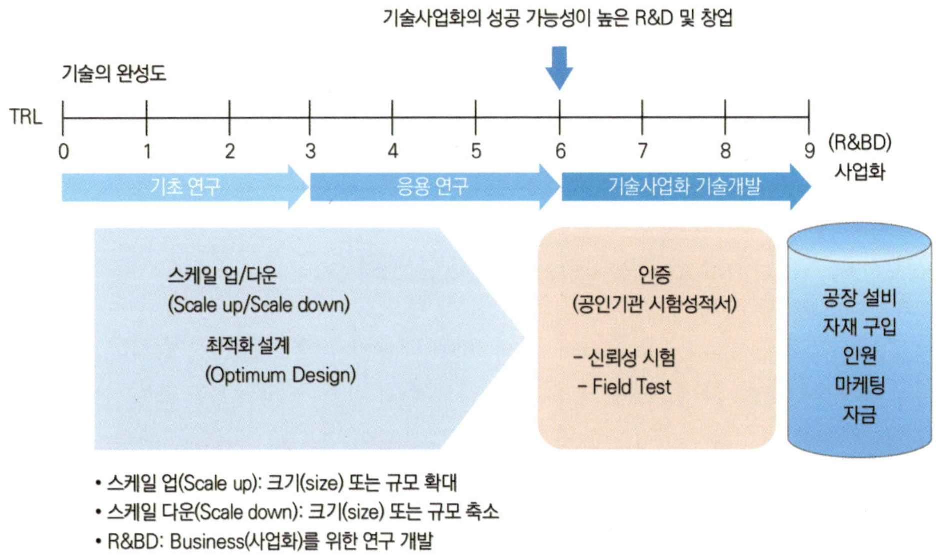

그림 2.54 기술의 완성도(TRL)와 기술사업화

4) 기술사업화 평가지표(예시)

여기서는 정부에서 주관하는 R&D 기술사업화를 위한 연구과제의 경우, 과제의 선정을 위한 선정 평가표와 선정된 후 연구 과제를 수행한 결과에 대한 최종 결과 평가에 대한 지표(평가항목)에 대한 예시를 표 2.11, 표 2.12와 같이 보여주고 있다.

① 기술사업화(기술개발사업)를 위한 R&D 과제 선정 평가표 사례 1

▶▶ 표 2.11 R&D 과제 선정 평가표(예시)

평가 항목	세부 항목	평가지표	평점									
			탁월		우수			보통		미흡		불량
			A+	A0	B+	B0	B−	C+	C0	D+	D0	E
1. 사업계획 및 사업비의 적정성 (20)	사업계획 및 추진의 적정성	- 동사업의 목적과 부합하는가? - 구체적 근거에 의해 사업계획이 작성되었는가? – 기술개발방법 및 기간은 적당한가?	10	9	8	7	6	5	4	3	2	1
	사업비 선정의 적정성	- 동사업 추진을 위한 사업비 산정의 구체성, 타당성, 적정성 여부 등	10	9	8	7	6	5	4	3	2	1
2. 기술성 및 개발능력 (30)	기술의 혁신성과 차별성	- 개발 기술이 국내외 기존 기술과 비교한 연구 내용 및 범위의 혁신성과 차별성	10	9	8	7	6	5	4	3	2	1
	과제 책임자 및 참여 연구원의 능력	- 과제 책임자의 해당 분야 기술 개발 및 실용화 실적, 참여 연구원 능력과 역할 분담, 전공, 구성의 적절성	10	9	8	7	6	5	4	3	2	1
	기술적 파급효과	- 당해 기술의 향상, 타 기술의 발전 등 산업발전에의 효과	10	9	8	7	6	5	4	3	2	1
3. 사업화 가능성 (50)	목표 달성 가능성	- 제시된 기술적 수준과 목표의 구체성, 개발방법 및 과정 설계의 적정성, 기술개발 성공 가능성	10	9	8	7	6	5	4	3	2	1
	개발기술의 활용 가능성	- 개발 결과의 제품생산 가능성 등	10	9	8	7	6	5	4	3	2	1
	상용화 가능성	- 개발 결과의 상용화 단계 진입 가능성, 수준	10	9	8	7	6	5	4	3	2	1
	사업화 계획의 적정성	- 기술 · 시장 동향 파악의 수준 및 사업화계획의 구체성 및 실현가능성	10	9	8	7	6	5	4	3	2	1
	시장진입 가능성 및 성장성	- 개발 결과의 상업화 소요기간 및 난이도를 고려 시 시장진입 가능성 및 시장 규모에 따른 향후 성장성	10	9	8	7	6	5	4	3	2	1
	과제별 상대평가 등급: 우수/보통/미흡	합계									점	

② 기술사업화(기술개발사업) R&D 과제 결과평가 지표 사례 2

▶▶ 표 2.12 R&D 과제 결과평가 지표(예시)

구분	목표달성도	기술적 성과	경제적 성과	고용효과	합계
배점	30	20	30	20	100

평가 항목	세부항목 (평가내용)	평가지표	배점							
			탁월		보통		미흡		불량	
1. 목표 달성도 (30점)	최종목표 달성 정도	- 당초 계획된 정량적, 정성적 기술개발 목표를 달성하였는가?(공인기관 시험성적서 등)	20	18	16	14	12	10	8	8
	방법과 절차 타당성	- 목표 달성을 위한 추진방법 및 과정이 적절하였는가?(사업비 진행 포함)	10	9	8	7	6	5	4	3
2. 기술성 (20점)	기술개발 혁신성	- 혁신적인 기술적 성과(특허, 논문 등)가 발생했는가?	10	9	8	7	6	5	4	3
	기술적 성능수준	- 기술개발 결과가 국내외 기존 기술 대비 우수한가?	10	9	8	7	6	5	4	3
3. 사업성 및 경제성 (30점)	사업화 전략 적정성	- 향후 마케팅 전략 및 추가 투자 계획이 적정한가?	5		4		3		2	
	사업화 가능성	- 국내외 시장, 제도적 변화를 고려할 때 시장 진출이 용이하고 시장점유율 확대가 기대되는가?	5		4		3		2	
	시장 진입 및 점유 가능성	- 기술이전 가능성, 매출 발생, 수입대체 및 수출효과가 우수한가? - 과제 종료 시점에 매출계약 등 가시적 사업화 성과가 기대되는가?	10	9	8	7	6	5	4	3
	수익성	- 투자 대비 매출이나 비용절감 등 수익성 전망이 우수한가?	10	9	8	7	6	5	4	3
4. 고용효과 (20점)	고용목표 달성도	- 당초 고용목표를 달성했는가?	10	9	8	7	6	5	4	3
	고용창출 효과	- 향후 고용효과가 기대되는가?	10	9	8	7	6	5	4	3
		합계	점							

CHAPTER

03 베르누이 원리를 이용한 응용제품 (사례연구)

저자가 연구하고 고안한 발명특허의 또 다른 사례연구로, 베르누이 원리를 비롯한 과학원리와 공학기술을 결합한 새로운 응용제품인 '해충을 비롯한 모기포집장치(Device for collecting mosquitos)'에 대한 사례연구의 예시이다.

'기술이 아니라 과학'의 산출물(제품)이라는 다이슨(Dyson)의 '날개없는 선풍기'와 같이 여러 과학적인 원리를 적용한 창의적, 혁신적인 모기포집장치(Device for collecting mosquitos)를 응용 제품으로 연구개발한 내용을 서술하고자 한다.

01 제품의 필요성

(1) 필요성

날씨가 무더워지는 여름은 모기와 같은 각종 해충이 사람이나 가축을 괴롭히는 계절이다. 모기나 해충이 날라 다니거나 몸을 물게 되면 귀찮기도 하고 스트레스를 받게 되며, 각종 질병의 전염원이 되기도 한다.

특히 사람들에게는 지카바이러스, 뎅기열, 말라리아, 일본뇌염의 전염원이 되고, 심지어는 생명까지도 잃기 때문에 모기포집에 있어 성능이 우수한 기술력이 높은 제품이 필요하다. 사람뿐만 아니라 가축도 모기를 비롯한 해충으로부터의 예방이 필요하다. 소 아까바네병 같이 모기가 매개하는 질병은 번식우를 사육하는 가축의 치명적인 손실을 초래한다. 따라서 미리 대비하기 위하여 축사소독을 철저히 하고 모기가 발생하기 전에 반드시 예방접종을 해야 한다.

가축은 사람이 필요에 따라서 관리를 해주기 때문에 철저한 관리 및 관심이 필요하다. 그러나 가축의 질병은 누구도 방심할 수는 없는 것이다. 스스로 차단방역을 적극 실천하고, 예방접종과 축사소독을 철저히 하는 것이 매우 중요하다.

모기가 매개하는 질병은 모기를 통해 가축의 전염병을 전파시킬 수 있는 질병이다. 소에서는 아까바네병, 유행열, 이바라기병 및 츄잔병 등이 있고, 돼지에서는 사람에게 뇌염을 일으킬 수 있는 돼지일본뇌염이 있다. 따라서 각종 질병의 전염원인 '모기(mosquito)'를 반드시 박멸하여야 한다.

모기를 박멸하는 방법에는 여러 가지가 있다. 지푸라기 등의 땔감으로 연소 연기를 발생시켜 쫓거나, 축사에 모기가 출입할 수 없도록 방충망을 설치하거나, 모기가 싫어하는 빛을 이용하는 노란색의 '모기퇴치전등'을 설치하여 모기가 가축에 덤비지 않도록 하는 방법, 초음파를 발생시켜 쫓는 방법, 고압 전류를 발생시켜 달라붙게 하거나, 끈끈이를 설치해 달라붙게 하는 등 아주 많은 방법과 모기퇴치 및 포집장치들이 시중에 나와 있다.

그러나 모기를 잡거나 퇴치하는 제품이나 방법에 있어, 가장 중요한 것은 인체에는 전혀 해롭지 않으면서도 얼마나 모기를 잘 잡고, 퇴치하느냐이다. 그만큼 모기 잡는 성능이 우수하고 효율성이 높아야 한다는 것이다.

모기는 축사뿐만 아니라 일상생활, 특히 숲풀이 많은 야외에서 왕성하게 활동하면서 사람들과 가축들의 피를 빨아 먹으면서 괴롭히며, 전염병을 옮기고 있다.

다음에서 모기를 비롯한 해충이 증가하는 원인을 알아보기로 하자.

(2) 모기를 비롯한 해충의 증가 원인

① 지구 온난화 현상으로 인한 국내 해충의 수가 급격히 증가하고 있다. 이는 아열대 기후로의 환경변화로 인해 개체수가 계속 증가하고 있는 실정이다.

② 해충은 사람뿐만 아니라 동물에게도 전염성 질병 및 치명적 바이러스를 옮겨 큰 피해를 준다.
- 사람 : 지카바이러스, 뎅기열, 말라리아, 일본뇌염 등
- 동물 : 소(소지상사상충), 돼지(일본뇌염), 닭(류코싸이토준), 개(심장사상충), 아까바네병 등

③ 기존 해충퇴치 약품은 사람과 동물에 유해하고, 일시적인 효과로 인하여 소비자들이 사용을 기피한다. 이로 인해 친환경, 성능 향상이 큰 모기퇴치기의 필요성이 증대되고 있다.

④ 모기로 인한 피해는 국내뿐만 아니라 해외에서도 크게 나타난다. 그만큼 시장 수요는 아주 크다.

02 품질과 기능분석

모기를 잡는 제품, 즉 모기포집장치 혹은 모기퇴치기 제품의 당연품질과 매력품질을 분석해 보면 다음과 같다.

① 당연품질은 당연히 모기를 잡아야 한다.

② 매력품질은 당연품질에 더하여 모기를 잘 잡아야 한다는 것이다. 그것도 인체에 무해하며, 실외 및 실내에서도 잘 잡는 우수한 성능을 가져야만 한다. 또한 '날개없는 선풍기'의 사례와 같이 디자인도 미려하고, 기존 시장에서 판매되고 있는 일반적인 모기퇴치기와는 차별화된 성능이 우수한 제품이면 좋다. 또한 가성비도 좋으면 금상첨화(錦上添花)이다.

매력품질을 파악하고, 분석하여 모기를 잘 잡기 위한 핵심기술을 알아보도록 한다. 이를 위해서는 우선 모기의 특성과 좋아하는 것들에 대한 구체적인 사전 지식이 필요하다. 그래서 유인책을 내놓아야 하며, 이것을 토대로 제품화하는 것이 창의적, 혁신적인 제품개발기술인 것이다.

(1) 모기를 잘 잡기 위한 핵심기술(과학과 공학기술)

모기가 좋아하는 것은 UV-LED 광선과 CO_2이다. 따라서 이를 잘 활용해야만 한다.

- UV-LED의 조사영역이 넓어야 한다.
- 더 강력한 흡입력이 필요하다.
- 더 강력한 CO_2 발생이 필요하다.

(2) 기능분석(Function analysis)

새로운 혁신적인 신제품을 개발하기 위해서, 저자가 제시하는 새로운 기술을 적용한 제품과 기존 제품과의 비교(차이점)를 기능분석으로 분석해 보았다.

기능분석을 하기 위한 핵심기능과 그 기능을 이루기 위한 수단은 그림 3.1과 같다.

모기를 잘 유인해야 한다.

1. UV-LED
2. CO_2

흡입력이 강해야 한다.

1. 모기를 잘 빨아들여야 한다.
2. 흡입 범위가 넓어야 한다.

그림 3.1 모기를 유인하기 위한 핵심기능과 수단

1) 기존 제품

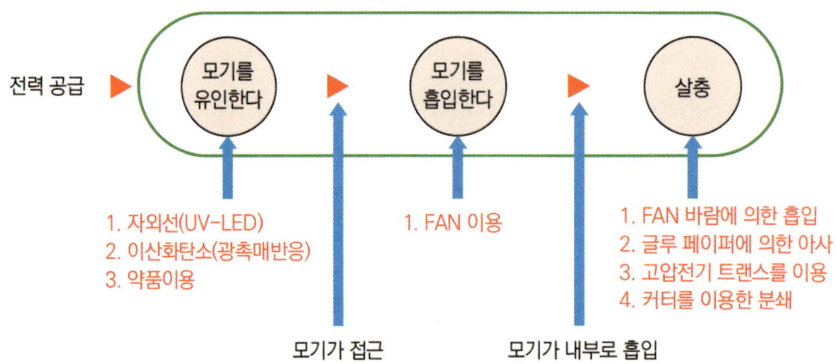

그림 3.2 기존 모기퇴치기 제품의 개념도

2) 새로운 제품의 기능분석(저자가 제시한 분석)

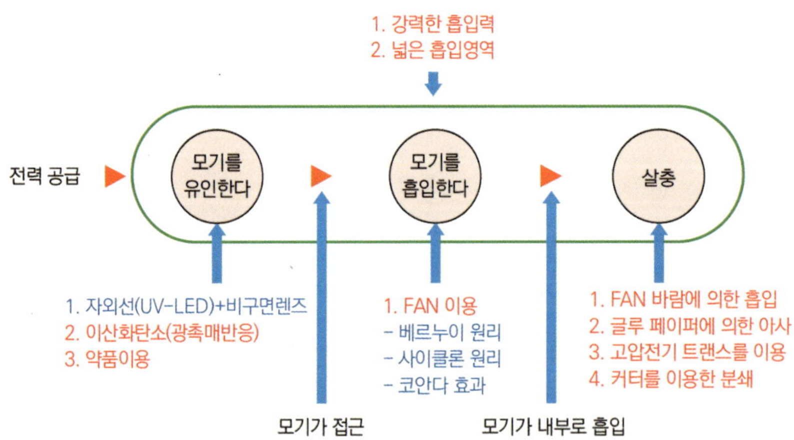

그림 3.3 새로운 모기퇴치기 제품의 개념도

03 논문 및 특허분석

논문 검색 및 특허분석을 통한 주요 사실은 크게 다음과 같이 2가지이다.

① 모기퇴치용 LED 개발, 램프 설계 및 구현이다. 모기가 좋아하는 파장대로 여기에 적용하는 자외선(Ultra Violet)으로 UV-LED 또는 UV-lamp가 사용되며, 파장 320~400nm 대역에서 모기 유인력이 가장 강하다.

② 사람이나 가축의 땀냄새와 같이 발생하는 CO_2를 너무 좋아한다.

(1) 논문 분석

기술개발 차별화을 위한 국내는 물론 세계기술의 분석이다. 논문 분석의 몇 가지 사례를 살펴보자.

1) 모기퇴치용 램프 설계 및 구현(Design and Implementation of Lamp for Subjugating Mosquito)

금오공과대학교/전자공학부

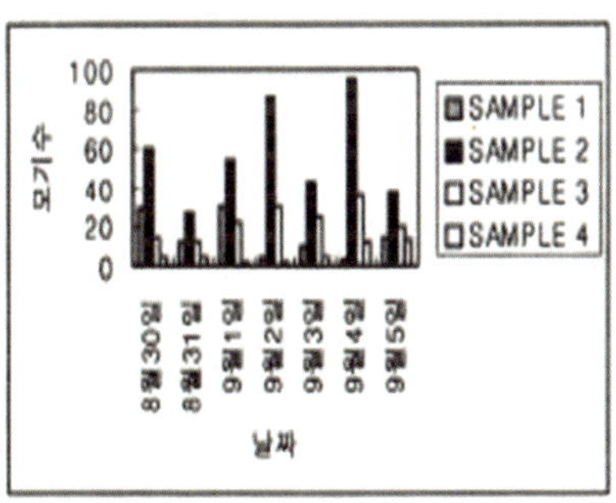

경북에서 실험한 데이터

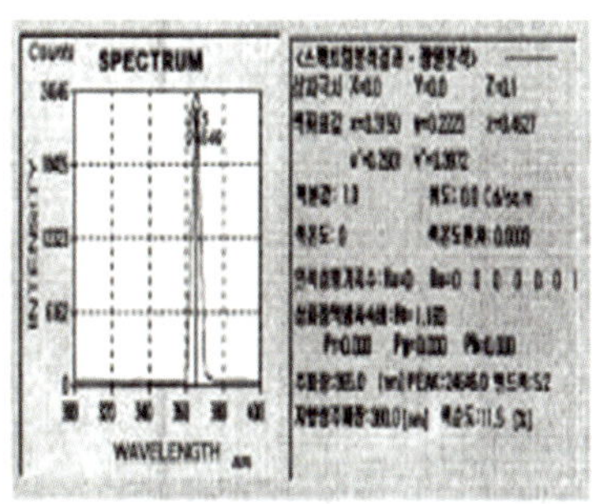

Sample 2 측정 데이터

파장측정 데이터

	색 계열	파장 (nm)	PEAK (count)
SAMPLE 1 (180V)	보라색	455.5	3451.8
SAMPLE 2 (220V)	UV-A	365.0	24646.0
SAMPLE 3 (260V)	보라색	443.5	20316.0
SAMPLE 4 (160V)	보라색	459.5	1921.3

그림 3.4 모기퇴치 관련 논문(파장대 변화에 따른 실험 데이터 제시)

그림 3.4와 같이 논문에서 보여준 실험 데이터에서는 UV-A(파장 320 ~ 400nm)에서 모기 유인력이 가장 강하다는 것을 알 수 있다.

2) 논문 분석 (2) 및 제품화

창의적 문제 해결이론(TRIZ, 트리즈)을 이용한 공기정화 기능의 모기 유인 퇴치기 개발(Development of Mosquito Trap with Effect of Air Cleaning by Using Theory of Inventive Problem Solving (TRIZ))　한국산업기술대학교/기계설계공학과

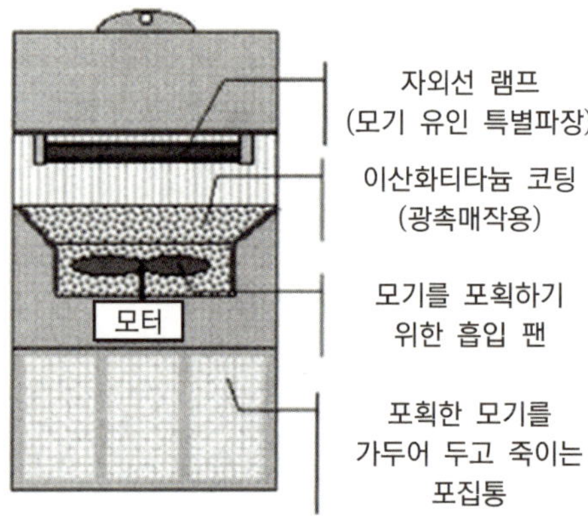

그림 3.5 모기 유인퇴치기 개념도

논문 분석 결과를 살펴보면 UV-lamp를 이용한 UV(자외선) 조사(照射)와 더불어 TiO_2(이산화티타늄) 광촉매와의 화학반응 · 작용으로 이산화탄소를 발생시켜, 이 두 가지 핵심요소를 활용한 모기포집기의 개념설계안 도출이다. 이 논문을 통해 그림 3.5와 같이 기술개발 차별화로 논문의 요점을 강조했다.

04 저자가 제시하는 신기술에 의한 모기포집장치

(1) 신제품의 핵심요소기술 1

1) 비구면 렌즈의 활용

저자가 제시하는 신기술은 앞서의 제품들과 달리 한 특정 방향에서만 나오는 UV(자외선) 조사(照射) 또는 많은 LED를 사용해 여러 방향으로 고정시켜 비추는 자외선의 조사를, 광각 비구면 렌즈에 의한

설계로 UV-LED 조사 영역을 360도 전방위로 확장시킨 기술이다. 따라서 모기를 비롯한 해충의 유인력 강화와 포집능력을 향상시킨 모기포집장치이다.

① 기술적 특징

UV-LED의 조사 영역을 더욱 확장시키기 위하여 상기 광을 난반사시키는 복수 개의 반사홈을 포함한 비구면 렌즈의 활용이다.

그림 3.6은 비구면 렌즈의 활용으로 소수 개의 UV-LED 실장으로도(여기서는 단지 3개) UV(자외선) 조사 영역을 360도 전방위로 확장시킨 기술을 보여주는 구성도와 작용의 원리이다.

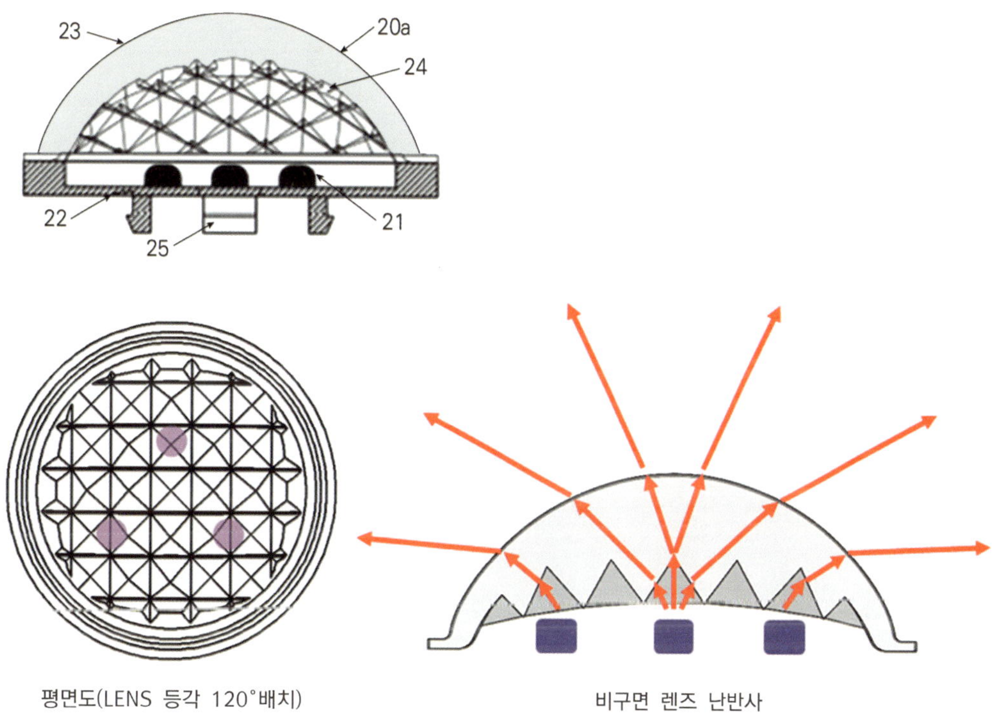

그림 3.6 비구면 렌즈의 설치와 UV 조사 영역의 확대(360도 전방위로)

2) CO_2 발생을 개선

기술적 특징은 하단의 배출구 쪽에 UV-LED와 만나 광촉매반응을 일으키는 TiO_2 필터를 필터 홀더(holder)를 만들어 장착했으며, 이산화탄소가 밑으로 배출되지 않고, UV 조사와 같은 위방향으로 배출되도록 주위에 밀폐벽을 형성하여 시너지(상승) 효과를 일으킨 기술이다. 그림 3.7은 필터가 장착된 필터 홀더(holder) 모습이다.

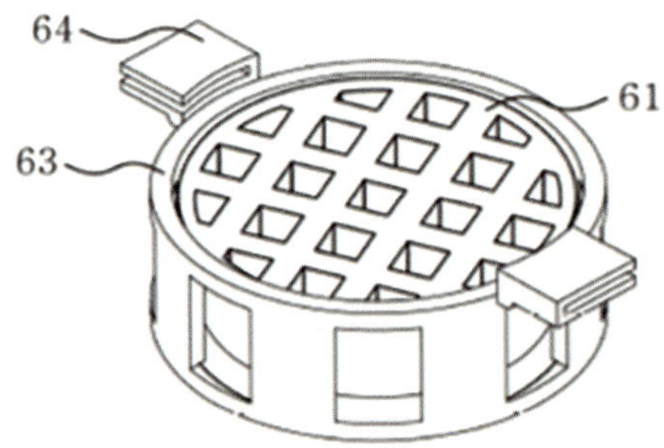

그림 3.7 필터가 장착된 필터 홀더(holder)

(2) 신제품의 핵심요소기술 2

모기의 유인력과 포집능력을 향상시킨 모기포집장치를 고안 및 개발하기 위해 고도화된 과학기술의 원리를 활용해 적용시켰다.

1) 과학원리의 적용

✦ 제품에 활용된 과학적 원리 및 공학기술

- 베르누이(Bernoulli) 원리
- 싸이클론(Cyclone) 원리
- 코안다(Coanda) 원리
- 광학 원리
- UV–LED 기술
- TiO_2(이산화티타늄) 광촉매 화학반응

✦ 다양한 디자인, 기구 메커니즘

다음에서 3가지 혁신적인 신제품에 대한 상세하며 구체화된 고안 개념도를 제시한다. 각 제품에는 서로 차별화된 디자인에 따른 과학원리와 공학기술이 스며들어 있다.

① 제품 1

기술적 특징은 그림 3.8에서 보는 바와 같이 제품의 공기구멍(ventilation hole)에서 흡입된 공기가 미끄럼틀 형상의 유로를 통과하여 순환해, 내부 작은 홈 모양의 노즐에서 토출(배출)된 공기는 베르누이 원리에 따라 속도가 빨라지고 토출되는 모양에 의해 소용돌이(cyclone, 사이클론, 모터 원심력에 의한 선회기류를 일으키는 현상)를 형성하여 모기 흡입력을 증가시킨다.

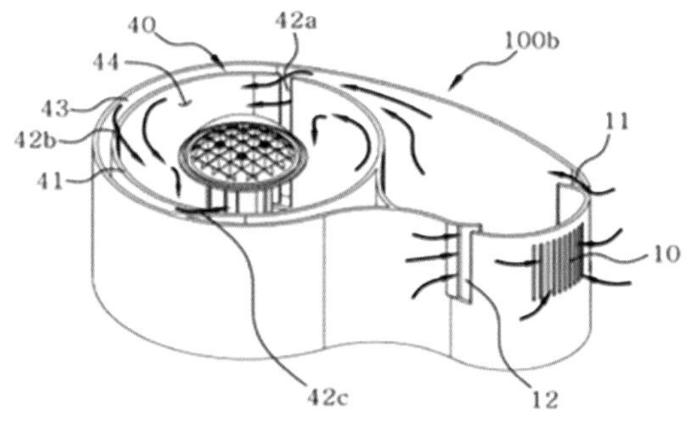

그림 3.8 모기 포집장치 제품 1의 구조

② 제품 2

기술적 특징은 그림 3.9와 같이 흡입된 공기가 가이드판을 따라 상부로 이동하고, 베르누이 원리에 의해 간극을 통과하면서 1차 가속되고, 슬롯(slot, 작은 구멍)을 통해 2차 가속되어 공기가 배출된다.

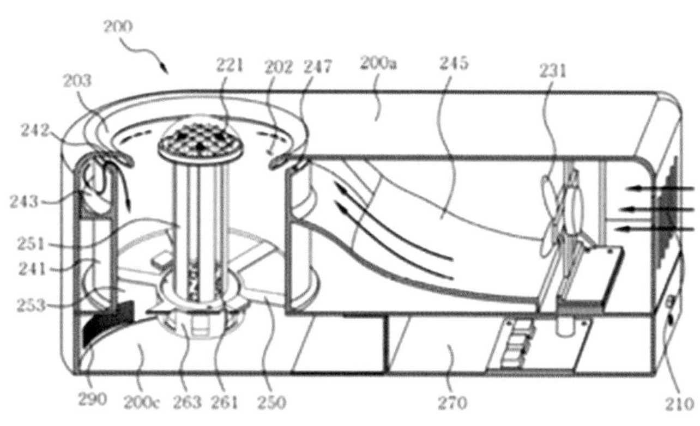

그림 3.9 모기 포집장치 제품 2의 구조

③ 제품 3

기술적 특징은 그림 3.10과 같이 개방구와 광원구 사이의 간극으로 베르누이 원리에 의해 흡입구를 통과하며, 공기가 가속되고 유동 가이드부를 지나며 유동저항이 감소되어 외부에 배출됨으로써 배출 및 흡입속도를 증가시킨다.

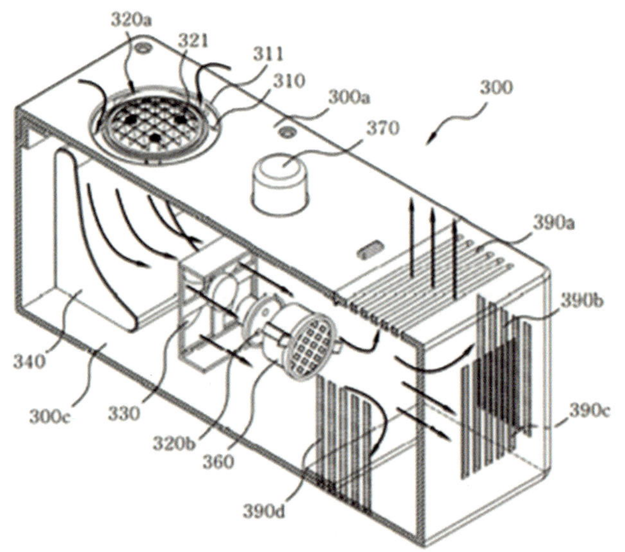

그림 3.10 모기 포집장치 제품 3의 구조

2) 획기적인 혁신 디자인

기존의 고정관념을 깬 아름답고, 미려하고, 심플한 디자인으로 현재 유행하고 있는 인테리어 가전과 같이 인테리어 모기 포집장치로 잘 어울린다. 따라서 가정용, 생활용, 상업용도로 아주 적합하다.

앞에서 설명한 핵심기술을 응용하면 다양한 디자인이 가능하며, 고정화된 모기 및 해충 포집장치와 퇴치기에 대한 전통적인 관념을 깨는 혁신제품이라고 할 수 있다.

(3) 차별성

현재 판매되고 있는 해충을 비롯한 모기 포집기(장치)보다 모기의 유인력과 포집력이 현저히 향상된 새로운 기술의 모기 포집기이다.

높은 가격으로 판매되고 있는 고성능 모기 포집기는 모기를 유인하는 UV와 유인된 모기를 흡입하는 팬(fan)과 이산화탄소를 발생시키는 TiO_2(이산화티타늄) 코팅 또는 필터가 공통적으로 필요하다. 그러나 우수한 고성능을 발휘하기 위한 기술개발 및 고안, 발명은 역시 혁신의 결과인 것이다.

고안된 기술을 특허출원하고, 특허권리를 받는다는 것은 고안 및 발명기술에 대한 1차 평가이다. 2차 평가는 특허기술을 표시하는 구성 및 조립도면을 모델링하고, 시뮬레이션 해석함으로써 기술에 대한 확신을 갖는 것이다.

3차 검증은 시제품 등으로 제작하여 직접 성능시험을 통한 현장시연과 실험으로, 성능평가를 함으로써 그 기술에 대한 객관적으로 정량적인 검증을 받는 것이다. 여기서 제시하는 기술의 차별성은 다음과 같다.

① 모기를 유인하는 UV-LED가 직진성을 갖고 있어 조사범위가 한정적이기 때문에, 모기를 유인하는 영역도 한정되어 있다. 이런 근본적인 문제를 해결하기 위해 난반사를 발생하게끔 비구면 렌즈를 씌워 자외선 조사(照射) 범위를 360도까지 확장시켜 모기의 유인력을 강화한다.

하단부에 설치된 TiO_2 필터는 UV-LED에 의해 광촉매 반응을 일으켜 공기정화 및 CO_2를 생성하여 추가적으로 모기를 유인한다.

팬(fan)에 의해 흡입된 공기는 베르누이의 원리에 의해 슬롯(slot)을 통하여 가속되어 외부로 배출(토출)된다.

작은 노즐을 통해 배출되는 공기는 과학원리 '벤투리 효과(Venturi effect)'에 따라 속도가 빨라, 주변 공기에 비해 압력이 낮아지므로 주위의 압력이 높은 공기가 압력이 낮은 모기 포집장치의 내부로 이동하면서 흡입력이 증폭된다.

② 기존의 모기 포집기는 일반적으로 원통(원주)형 디자인인데 반해, 여기서 제시하는 신기술의 제품은 기존에 없는 독창적인 여러 디자인을 가지고 있다. 데스크(탁상)용으로 세워서 사용할 수 있을 뿐만 아니라 벽에 걸 수 있는 벽궤(벽걸이) 장치가 되어있기에 벽걸이용으로도 사용이 가능하다.

05 개발 제품

(1) 제품 모델링 – 1

그림 3.11은 앞에서 설명한 제품 1에 대한 3차원(3D) 입체 모델링과 조립도면으로, 외형 구조, 구성요소를 비롯한 제품의 특징을 상세히 보여주고 있다.

그림 3.11 모기포집장치에 있어 제품 1의 외형 모델링과 조립도

그림 3.12는 제품의 분해도를 보여준다. 분해도를 통해서 제품을 구성하는 부품목록(partlist, 파트리스트로 부품표라고도 함)을 알 수가 있다.

① Main Body

② Main Body Cover

③ LENS Support Body
UV-A LED LENS(TIO_2)

④ Fan+Motor Bracket

⑤ TIO_2 Filter Bracket

⑥ TIO_2 Filter

⑦ 포집통

⑧ Control Box

⑨ UV-LED LENS

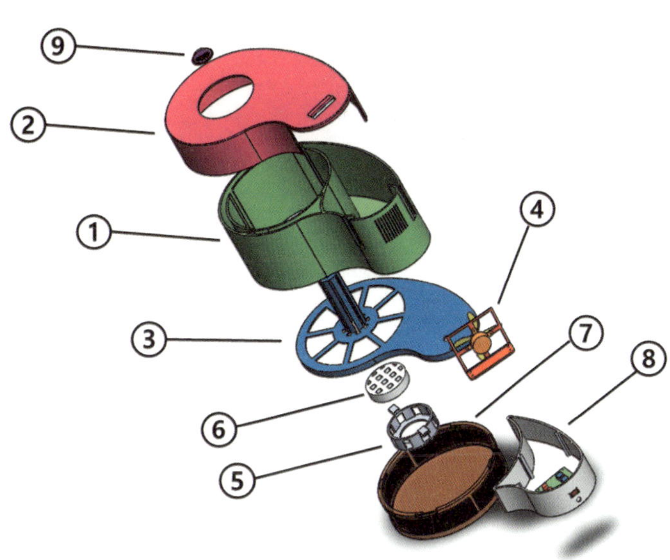

그림 3.12 제품 1의 분해도와 부품목록(partlist)

1) 모기의 포집 과정

① 내부 팬(fan)에 의해 외부 바람이 흡입된다.
② 흡입된 바람은 내벽을 따라 이동한다.
③ 내부에 바람이 좁은 틈으로 배출되며, 속도가 빨라져 외부와 내부에 압력차가 생긴다.
④ 압력차로 인해 외부 공기가 포집기 내부로 흡입되면서 소용돌이를 일으켜 흡입력이 증폭한다.
⑤ 이때 UV-LED는 비구면 렌즈를 통해 넓은 범위로 조사되어 모기를 1차적으로 유인한다.
⑥ 유인된 모기는 흡입되는 바람에 같이 흡입된다.
⑦ 흡입된 모기는 내부 포집통에 포집된다.
⑧ 동시에 내부 UV-LED는 내부 TiO_2 필터와 광촉매 반응을 일으켜 CO_2를 생성하고, 이 CO_2는 2차적으로 모기를 유인한다.

그림 3.13은 모기의 포집 과정을 애니메이션(animation)으로 동영상을 제작하여 알기 쉽게 포집 원리를 이해하도록 한 그림이다.

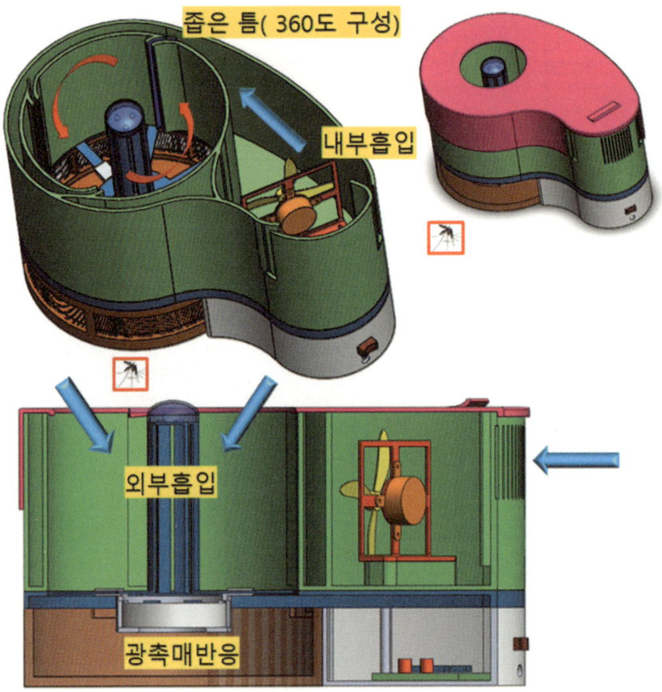

그림 3.13 제품 1에서의 모기 포집 과정의 애니메이션(animation)

(2) 제품 모델링 – 2

그림 3.14는 앞에서 설명한 제품 2에 대한 3차원(3D) 입체 모델링과 조립도면으로 외형 구조, 구성요소를 비롯한 제품의 특징을 상세히 보여주고 있다. 또한 조립구성도를 상세히 보여줌으로써 모기를 포집하는 상세기술의 특징도 확인할 수 있다. 모기포집장치에 있어 제품 2의 외형 모델링과 조립도이다.

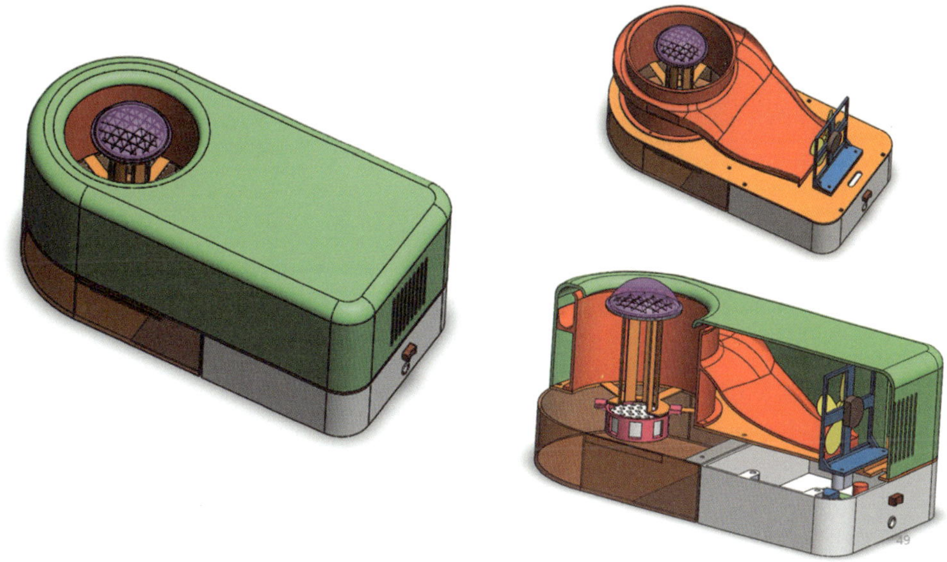

그림 3.14 모기포집장치에 있어 제품 2의 외형 모델링과 조립도

그림 3.15는 제품 2의 분해도를 보여준다. 분해도를 통해서 제품을 구성하는 부품목록(partlist, 파트리스트로 부품표라고도 함)을 알 수 있다.

① Main Body(Wind Guide)

② Main Body Cover

③ LENS Support Body

④ Fan+Motor Bracket

⑤ TIO_2 Filter Bracket

⑥ TIO_2 Filter

⑦ 포집통 + 포집통 Bracket

⑧ Control Box

⑨ UV-LED

⑩ UV-LED LENS

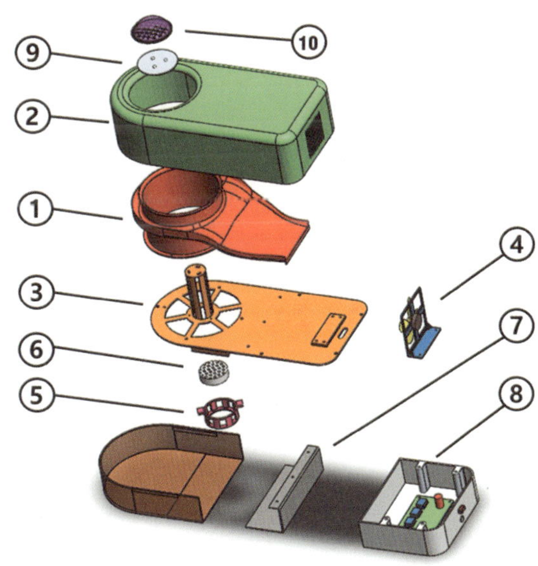

그림 3.15 제품 2의 분해도와 부품목록(partlist)

① **모기의 포집 과정**

- 내부 팬(fan)에 의해 외부 바람이 흡입된다.
- 흡입된 바람은 과학원리 '코안다 효과(Coanda effect)'를 활용한 내부 윈드 가이드(wind guide, 공기흐름을 원활하게 하도록 하는 유선형으로 된 공기 가이드 길)를 타고 이동한다.
- 내부에 바람이 좁은 틈으로 빠져나가 속도가 빨라지며 압력차가 생긴다.
- 압력차로 인해 외부 공기가 포집기 내부로 흡입된다.
- 이때 UV-LED는 비구면 렌즈를 통해 넓은 범위로 조사되어 모기를 1차적으로 유인한다.
- 유인된 모기는 외부 공기에 휩쓸려 흡입된다.
- 흡입된 모기는 내부 포집통에 포집된다.
- 동시에 내부 UV-LED는 내부 TiO_2 필터와 광촉매 반응을 일으켜 CO_2를 생성하고, 이 CO_2는 2차적으로 모기를 유인한다.

그림 3.16은 제품 2에서 모기의 포집 과정을 애니메이션(animation)으로 동영상을 제작하여 알기 쉽게 포집 원리를 이해하도록 한 그림이다.

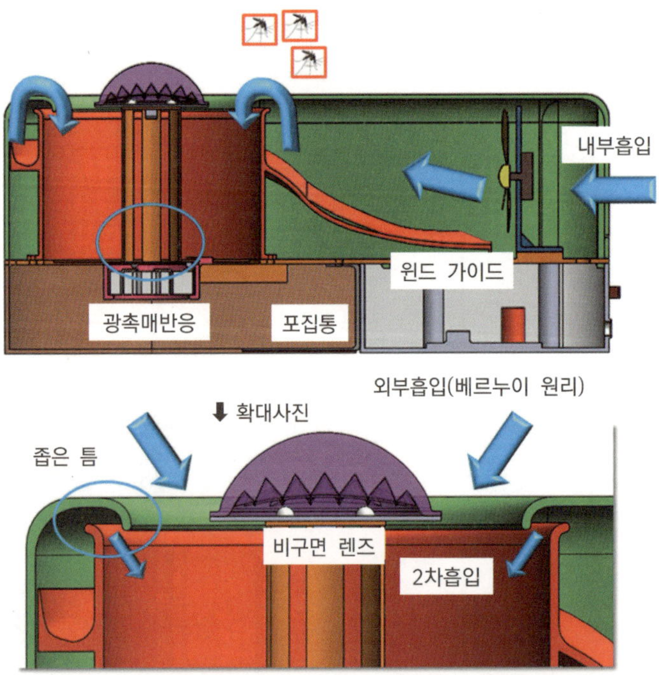

그림 3.16 제품 2에서의 모기 포집 과정의 애니메이션(animation)

(3) 제품 모델링 – 3

그림 3.17은 앞에서 설명한 제품 3에 대한 3차원(3D) 입체 모델링과 조립도면으로 외형 구조, 구성요소를 비롯한 제품의 특징을 상세히 보여주고 있다. 또한 조립구성도를 상세히 보여줌으로써 모기를 포집하는 상세기술의 특징도 확인할 수 있다.

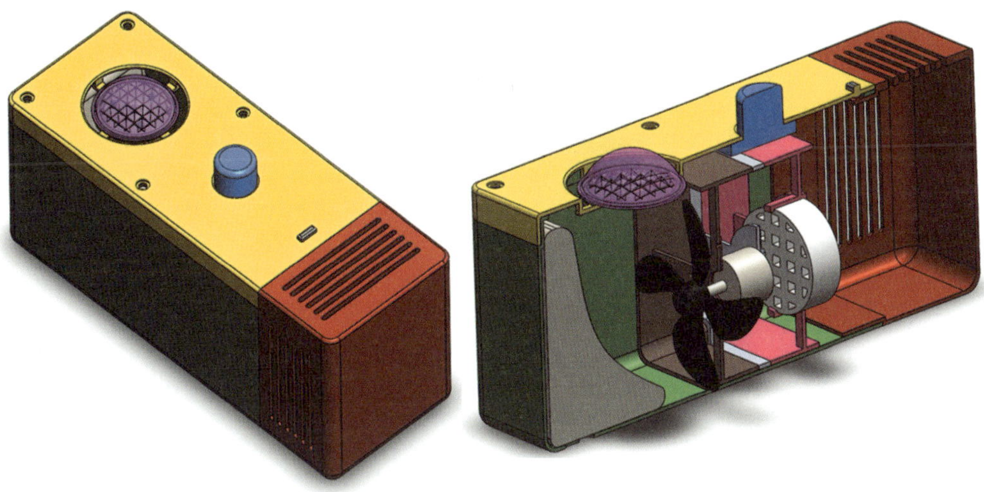

그림 3.17 모기포집장치에 있어 제품 3의 외형 모델링과 조립도

그림 3.18은 제품 3의 분해도를 보여준다. 분해도를 통해서 제품을 구성하는 부품목록(partlist, 파트리스트로 부품표라고도 함)을 알 수 있다.

① Main Body

② Main Body Cover

③ Wind Guide

④ Fan+Motor Bracket

⑤ TIO_2 Filter Bracket

⑥ TIO_2 Filter

⑦ 포집통 + 포집통 Bracket

⑧ Control Box

⑨ LENS Supporter

⑩ UV-A LED + LENS

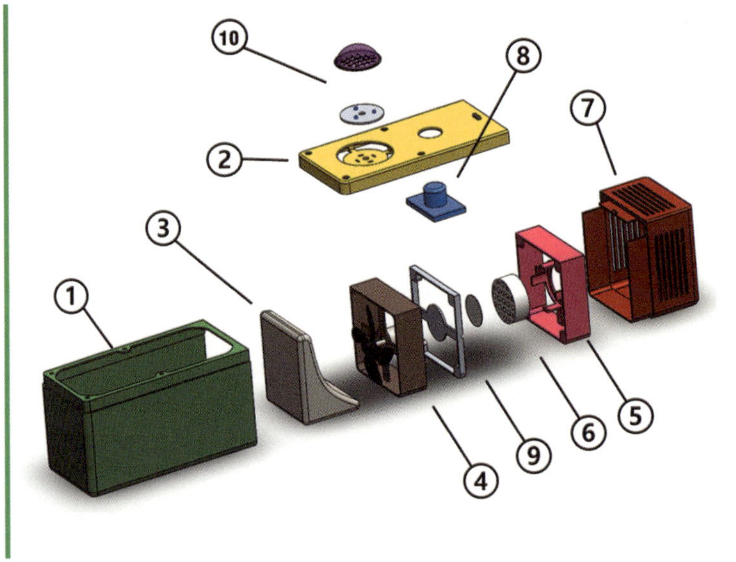

그림 3.18 제품 3의 분해도와 부품목록(partlist)

① 모기의 포집 과정

- 내부 팬(fan)에 의해 외부 바람이 좁은 틈으로 속도가 빨라지며 흡입된다.
- 흡입된 바람은 내부 윈드 가이드(wind guide)를 타고 이동한다. 윈드 가이드는 유동저항을 감소시켜 흡입된 바람의 에너지를 최대한 유지하도록 하는 코안다 효과에 의해 설계되었다.
- 이때 UV-LED는 비구면 렌즈를 통해 넓은 범위로 조사되어 모기를 1차적으로 유인한다.
- 유인된 모기는 외부 공기 바람에 휩쓸려 같이 흡입된다.
- 흡입된 모기는 내부 포집통에 포집된다.
- 동시에 내부 UV-LED는 내부 TiO_2 필터와 광촉매 반응을 일으켜 CO_2를 생성한다. CO_2는 포집통의 틈으로 빠져나가 2차적으로 모기의 유인을 촉진시킨다.

그림 3.19는 제품 3에서 모기의 포집 과정을 애니메이션(animation)으로 동영상을 제작하여 알기 쉽게 포집 원리를 이해하도록 한 그림이다.

모기를 포집하는 순서에 따라 동영상으로 구현하였다.

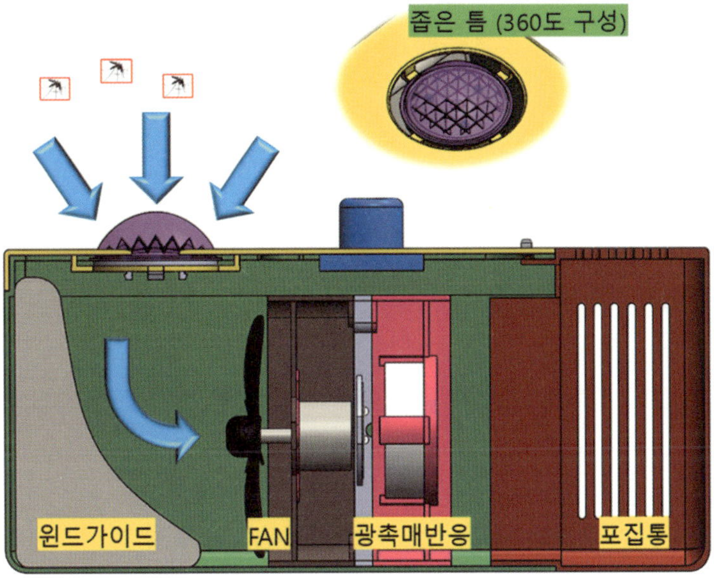

그림 3.19 제품 3에서의 모기 포집 과정의 애니메이션

06 특허의 사례(특허등록)

발명의 명칭은 모기포집장치(Device for collecting mosquitos)이다. 특히 이 제품은 미려하고, 심플하고, 패션화된 디자인으로 가정용, 음식점을 비롯한 상업용, 야외 활동 및 전원생활을 비롯한 일상 생활 용도에 알맞은 패션화된 디자인 제품이다. 앞에서 신개념, 혁신적 제품의 사례로 설명한 '날개없는 선풍기'와 같은 과학원리와 또 다른 공학기술을 응용하고 적용한 '모기를 비롯한 해충 포집장치'이다.

따라서 이 제품 개념과 고안 · 발명이 제품화되어 일상생활에 사용돼 삶의 질에 도움이 된다면, 미려한 디자인 개념의 스마트하고 패션화된 인테리어 장식품으로의 다양한 디자인이 가능한 차별화된 모기포집 장치가 될 것이며, 새로운 콘셉트 신제품의 개발에 선도적 역할로써 산업 발전에 기여할 것이다.

제품의 고안 · 발명과 콘셉트(concept) 구상 및 작동 원리를 비롯한 특허기술 구현에 대한 전반적인 상세내용을 도면, 기술의 구성, 조립도면 등으로 나타냈다.

다음은 등록특허에 대한 세부 사항과 특허기술의 상세내용이다.

(1) 출원 내역

- 출원 일자: 2016년 10월 18일
- 특기 사항: 특허등록 및 등록번호 10-1891530
- 출원 번호: 10-2016-0135332
- 출원인: 이국환(4-1995-111485-1) 외 1명
- 발명자: 이국환 외 1명
- 발명의 명칭: 모기포집장치(Device for collecting mosquitos)

(2) 특허 명세서

1) 발명의 설명

① 발명의 명칭

모기포집장치{Device for collecting mosquitos}

② 기술분야

본 발명은 해충, 특히 모기를 포집하는 장치에 관한 것으로, 더욱 구체적으로는 자외선 LED에 비구면 렌즈를 장착하여 자외선의 조사 영역을 확장함으로써, 모기에 대한 유인력을 강화하고, 흡기팬에 의해 외부로부터 모기와 함께 흡입된 공기의 유속을 증가시키는 유동가이드 부재를 채용하여 공기의 흡입력과 배출력을 강화시킴으로써, 모기를 포집하는 성능을 현저히 향상시킨 모기포집장치에 관한 것이다.

③ 발명의 배경이 되는 기술

해충, 특히 모기는 인체의 체온, 호흡할 때 발생하는 이산화탄소(CO_2) 또는 특정 자외선 파장에 의해 유인되는 습성이 있다.

모기를 퇴치하는 방법에는 살충제나 모기향 등을 이용하는 화학적 방법, 광원을 이용하여 유인한 후 전기를 흘리거나 점착제를 이용하여 모기를 잡는 물리적 방법, 모기가 번식하는 것을 막기 위해 물웅덩이를 제거하거나 번식하기 쉬운 장소에 미꾸라지 등 천적을 풀어 모기 유충을 미리 제거하는 생물학적 방법 등이 있다.

현재 일반 가정에서는 모기를 퇴치하기 위해 상기 화학적 방법을 많이 이용하고 있는데, 살충제 성분은

인간에게 해로운 영향을 끼칠 수 있기 때문에 이를 기피하는 경향이 증가하고 있다.

또한 상기 물리적 방법은 감전 등에 의한 위험 요소가 존재하고, 장치의 유지 관리가 필요하고 비용이 증가하는 문제점이 있다.

이에 따라 최근에는 자외선과 광촉매의 반응에 의해 발생되는 CO_2를 이용하여 모기를 유인하여 모기를 포집하는 방법에 대한 관심이 증가하고 있다.

그러나 자외선과 광촉매를 이용하는 방식은 외부 공기 및 모기를 흡입하는 흡입구의 흡입력이 약하다는 단점 및 자외선의 직진성에 의해 조사 영역이 한정됨에 따라 모기에 대한 유인력이 떨어지는 문제점이 있다.

상술한 바와 같은 문제점을 해결하기 위하여, [선행기술문헌 1]에는 자외선, CO_2 및 발열 수단을 이용하여 모기를 유인하고 퇴치하는 장치가 개시되어 있다.

그러나 상기 [선행기술문헌 1]에 개시된 장치는 사람의 체온에 근접한 열을 발생시키기 위하여 별도의 발열수단을 구비함에 따라 장치의 구성이 복잡해지는 반면, 자외선 및 CO_2의 사용과 중복되어 모기에 대한 유인력은 크게 증가되지 않는 문제점이 있다.

한편, [선행기술문헌 2]에는 배출구 주변에 오리피스관을 설치하고 외부로 공기를 분사시킴으로써, 자외선과 광촉매의 반응에 의해 발생된 CO_2가 분사되는 공기와 함께 외부로 배출되도록 하여 배출력을 강화시킨 모기 퇴치 장치가 개시되어 있다.

그러나 상기 [선행기술문헌 2]에 개시된 장치는 별도의 오리피스관, 즉 공기 분사 노즐을 설치함에 따라 장치가 복잡해지고, 상기 오리피스관에 의해 분사되는 공기와 함께 CO_2가 배출되므로 희석에 의해 모기에 대한 유인력이 감소되는 문제점이 있다.

이에 따라 현재 보급된 모기 포집 수단보다 더욱 효과적으로 모기를 포집할 수 있는 장치 또는 방법이 필요한 실정이다.

2) 선행기술문헌

[선행기술문헌 1] 한국등록실용신안공보 20-0347665(등록일: 2004. 04. 02)

[선행기술문헌 2] 한국등록실용신안공보 20-0426538(등록일: 2006. 09. 07)

3) 발명의 내용

① 해결하고자 하는 과제

본 발명은 상술한 바와 같은 종래 기술의 문제점을 해결하기 위한 것으로서, 본 발명의 목적은 유인된 모기를 포집하기 위한 공기의 흡입력과 배출력을 강화시키기 위하여, 하우징 내부에 설치된 유동가이드 부재를 이용하여 흡입되는 공기의 유속을 증가시킴으로써, 모기의 포집 성능을 현저히 향상시킬 수 있는 모기포집장치를 제공하는 것이다.

또한 본 발명의 다른 목적은 모기에 대한 자외선의 유인력을 강화하기 위하여, 자외선 LED에 비구면 렌즈를 장착함으로써 자외선의 조사 영역이 확장됨에 따라 모기의 포집 성능을 현저히 향상시킬 수 있는 모기포집장치를 제공하는 것이다.

② 과제의 해결 수단

상술한 바와 같은 목적을 달성하기 위하여 본 발명의 실시 예에 따른 모기포집장치는 일측에 흡입구가 설치되고, 타측에 모기 포집망이 구비된 배출구가 형성되는 하우징, 상기 하우징의 내부에 설치되어 모기를 유인하기 위한 광을 조사하는 광원부, 상기 하우징의 내부에 설치되어 상기 광원부에 의해 유인된 모기와 함께 상기 흡입구를 통해 흡입된 공기를 상기 배출구를 통해 배출하는 흡기팬부 및 상기 하우징의 내부에 설치되어 상기 흡기팬부에 의해 흡입된 공기가 상기 배출구 방향으로 유동되도록 유로를 형성하는 유동가이드부를 포함하되, 상기 유동가이드부는 상기 유로의 중도에서 유로 단면적이 좁아지는 가속구간을 형성하도록 구성되어, 상기 흡입된 공기가 상기 가속구간을 통과하는 과정에서 가속됨에 따라, 공기와 모기의 흡입 속도, 흡입력 및 CO_2의 배출 속도를 증가시키는 것을 특징으로 한다.

또한 상기 유동가이드부는 상기 하우징의 내측면의 적어도 일부와 간극을 형성하는 통형상의 가이드본체와 상기 가이드본체의 길이 방향으로 형성된 적어도 하나의 슬릿을 포함하되, 상기 공기는 상기 간극을 통과하는 과정에서 1차적으로 가속되고, 상기 슬릿을 통해 상기 가이드본체의 내부로 유동하는 과정에서 2차적으로 가속된 후, 상기 배출구를 통해 배출되는 것을 특징으로 한다.

또한 상기 유동가이드부는 상기 하우징의 내측면의 적어도 일부와 간극을 형성하는 통형상의 가이드본체와 상기 흡입구를 통해 흡입된 공기를 상기 간극의 상부 방향으로 유도하도록 경사면이 형성된 가이드판을 포함하되, 상기 가이드본체의 상부 테두리와 상기 하우징의 내측면 사이에 슬릿 형상의 유로가 형성되고, 상기 흡입된 공기는 상기 간극의 상부를 통과하는 과정에서 1차적으로 가속되고, 상기 슬릿 형상의 유로를 통해 상기 가이드본체의 내부로 유동하는 과정에서 2차적으로 가속된 후, 상기 배출구를 통해 배출되는 것을 특징으로 한다.

또한 상기 하우징의 내부 일측에 기둥 형태로 돌출되는 지지봉을 더 포함하되, 상기 광원부는 상기 하우징의 외부에 광을 조사함으로써 모기를 유인하기 위하여, 상기 지지봉의 상부에 설치되어 상기 하우징의 개방구를 통해 광을 조사하는 제1광원부를 포함하는 것을 특징으로 한다.

또한 상기 광원부는 모기를 유인하기 위한 광의 조사 영역을 확장시키기 위하여 상기 제1광원부의 상부에 설치되는 비구면 렌즈를 포함하되, 상기 제1광원부에서 방출된 광이 상기 비구면 렌즈를 통과하여 상기 하우징의 개방구를 통해 외부로 조사되는 것을 특징으로 한다.

또한 상기 비구면 렌즈는 상기 광의 조사 영역을 더욱 확장시키기 위하여, 상기 광을 난반사시키는 복수 개의 반사홈을 포함하는 것을 특징으로 한다.

상기 광원부는 상기 지지봉의 하부에 설치되어 하부 방향으로 광을 조사하는 제2광원부 및 상기 제2광원부에서 조사되는 자외선과의 화학반응을 통해 CO_2를 발생시키는 광촉매필터를 더 포함하되, 상기 CO_2는 공기가 배출될 때 상기 하우징의 외부로 배출되어 모기를 유인하는 것을 특징으로 한다.

또한 본 발명의 실시 예에 따른 모기포집장치는 일측에 개방구가 형성된 하우징, 상기 개방구의 중앙부에 설치되어 모기를 유인하기 위한 광을 상기 하우징의 외부로 조사하는 광원부, 상기 하우징의 내부에 설치되어 상기 개방구와 광원부의 테두리 사이에 형성되는 간극을 통해 상기 광원부에 의해 유인된 모기와 함께 공기를 흡입하여 포집망이 설치된 상기 하우징의 타측 배출구를 통해 배출하는 흡기팬부 및 상기 개방구의 하부에 설치되어 상기 흡기팬부에 의해 흡입된 공기가 상기 배출구 방향으로 유동되도록 경사곡면이 형성되는 유동가이드부를 포함하되, 상기 흡기팬부에 의해 흡입되는 공기는 상기 개방구와 광원부의 사이에 형성된 간극을 통과하면서 가속되고, 상기 유동가이드부를 지나면서 유동저항이 감소되어 상기 흡기팬부에 의해 외부로 배출됨으로써 공기의 배출 속도, 흡입 속도 및 흡입력을 증가시키는 것을 특징으로 한다.

4) 발명의 효과

상술한 바와 같이, 본 발명의 실시 예에 따른 모기포집장치는 흡기팬에 의해 외부로부터 모기와 함께 흡입된 공기의 유속을 증가시키는 유동가이드 부재를 이용하여, 공기의 흡입력과 배출력을 강화시킴으로써, 모기의 포집 성능을 현저히 향상시킬 수 있는 장점이 있다.

또한 본 발명의 실시 예에 따른 모기포집장치는 자외선 LED에 비구면 렌즈를 장착하여 자외선의 조사 영역을 확대시킴으로써, 모기에 대한 유인력이 강화되므로 모기의 포집 성능을 현저히 향상시킬 수 있는 장점이 있다.

5) 도면의 간단한 설명

도 1은 본 발명의 제1실시 예에 따른 모기포집장치의 구성을 나타낸 분해사시도(a) 및 결합도(b),

도 2는 본 발명의 제1실시 예에 따른 모기포집장치에서 공기의 흐름을 나타낸 유동가이드부의 평면도(a), 사시도(b) 및 슬릿의 세부도(c),

도 3은 본 발명의 제1실시 예에 따른 모기포집장치에서 광원부의 구성을 나타낸 측단면도(a, c) 및 평면도(b, d),

도 4는 본 발명의 제1실시 예에 따른 모기포집장치에 사용된 광촉매필터(a), 필터홀더(b) 및 광촉매필터와 필터홀더의 결합 상태(c)를 나타낸 사시도,

도 5는 본 발명의 제2실시 예에 따른 모기포집장치의 구성을 나타낸 분해사시도,

도 6은 본 발명의 제2실시 예에 따른 모기포집장치에서 공기의 흐름에 따른 흡입력을 나타낸 단면 사시도(a), 흡입력을 향상시키는 유동가이드부의 사시도(b) 및 측면도(c),

도 7은 본 발명의 제3실시 예에 따른 모기포집장치의 구성 및 공기의 흐름을 나타낸 단면 사시도(a) 및 유동가이드부의 사시도(b)이다.

6) 발명을 실시하기 위한 구체적인 내용

이하 본 발명의 실시 예에 따른 모기포집장치의 구조 및 동작을 첨부된 도면을 이용하여 상세히 설명하기로 한다.

① 제1실시 예

도 1은 본 발명의 제1실시 예에 따른 모기포집장치의 구성을 나타낸 분해사시도(a) 및 결합도(b), 도 2는 본 발명의 제1실시 예에 따른 모기포집장치에서 공기의 흐름을 나타낸 유동가이드부의 평면도(a), 사시도(b) 및 슬릿의 세부도(c), 도 3은 본 발명의 제1실시 예에 따른 모기포집장치에서 광원부의 구성을 나타낸 측단면도(a, c) 및 평면도(b, d), 도 4는 본 발명의 제1실시 예에 따른 모기포집장치에 사용된 광촉매필터(a), 필터홀더(b) 및 광촉매필터와 필터홀더의 결합 상태(c)를 나타낸 사시도이다.

본 실시 예에 따른 모기포집장치는 일측에 흡입구(10)가 설치되고 타측에 모기 포집망이 구비된 배출구(90)가 형성되는 하우징(100a, 100b, 100c), 상기 하우징(100)의 내부에 설치되어 모기를 유인하기 위한 광을 조사하는 광원부(20a, 20b), 상기 하우징(100)의 내부에 설치되어 상기 흡입구(10)를 통해 광원부(20a)에 의해 유인된 모기와 함께 흡입된 공기를 상기 배출구(90)를 통해 배출하는 흡기팬부(30) 및 상기 하우징(100)의 내부에 설치되어 상기 흡기팬부(30)에 의해 흡입된 공기가 상기 배출구(90) 방향으로 유동되도록 유로를 형성하는 유동가이드부(40)를 포함하여 구성된다.

상기 하우징(100)은 하우징 본체(100b), 상기 하우징 본체(100b)의 개방된 상부면을 덮는 상부커버(100a) 및 상기 하우징 본체(100b)의 하부면을 형성하는 하부커버(100c)를 포함하여 구비된다.

상기 흡입구(10)는 상기 상부커버(100a) 또는 하우징 본체(100b)의 일측에 형성되어, 후술하는 흡기팬(31)의 회전력에 의해 외부로부터 공기가 흡입되는 통로이고, 상기 배출구(90)는 상기 하부커버(100c)의

일측에 형성되어, 상기 흡기팬(31)에 의해 흡입된 공기가 상기 상부커버(100a)와 하우징 본체(100b)의 내부에서 유동한 후 상기 하우징(100)의 외부로 배출되는 통로이다.

본 실시 예에서는 도 1에 도시한 바와 같이, 상기 흡입구(10)를 복수 개의 슬릿 형상으로 형성하였으나, 이에 한정되지 않고 원형 등 다양한 형상으로 변형될 수 있으며, 이는 상기 배출구(90)의 경우도 마찬가지이다.

또한 상기 흡입구(10) 및 배출구(90)가 형성되는 위치도 특정 영역에 한정되지 않고, 상기 하우징 본체(100b)의 내부에서 공기가 원활하게 유동되도록 하기 위하여 상기 하우징(100)의 상부, 측면 또는 하부 등으로 적절하게 변동될 수 있음은 물론이다.

다만 본 실시 예에서 상기 배출구(90)의 경우, 공기의 원활한 배출을 위해 후술하는 모기 포집망과 상기 배출구(90)가 일체로 형성되는 것으로 설명하였으나, 필요에 따라서는 별개로 형성될 수도 있다.

한편, 상기 하우징(100)의 내부에는 상기 광원부(20)와 상기 흡기팬부(30)를 배치하기 위하여 거치대(50)가 더 포함될 수 있다.

상기 거치대(50)는 상기 하우징(100)의 테두리 형상과 일치되는 단면을 가진 판형의 부재로서, 상기 거치대(50)의 일측에는 상기 광원부(20)가 고정되는 지지봉(51)이 기둥 형태로 돌출되어 설치되고, 타측에는 상기 흡기팬부(30)가 설치된다.

상기 거치대(50)의 일측에는 상기 지지봉(51)을 중심으로 방사형으로 복수 개의 통공(53)이 형성되어 상기 거치대(50)의 상부와 하부가 연통되도록 구비된다.

이를 통해 후술하는 바와 같이 상기 흡기팬부(30)에 의해 모기와 함께 흡입된 공기가 상기 거치대(50)의 상부로부터 상기 통공(53)을 지나 하부로 배출된다.

본 실시 예에서는 도 1에서 보는 바와 같이, 상기 거치대(50)를 외부에서 흡입된 공기의 유동이 원활히 이루어지도록 서로 다른 지름을 가진 두 개의 원이 자유곡선으로 연결된 판형으로 도시하였으나, 이에 한정되지 않고 상기 하우징(100) 또는 후술하는 상기 유동가이드부(40)의 형상에 따라 공기의 유동 특성에 부합하도록 다양하게 변형될 수 있다.

상기 광원부(20)는 자외선의 특정 파장이 가지는 특성을 이용하여 모기를 유인하기 위하여 상기 지지봉(51)의 상부에 설치되는 제1광원부(20a)와 후술하는 광촉매필터(61)과의 반응을 통해 CO_2를 발생시켜 모기를 유인하기 위하여 상기 지지봉(51)의 하부에 배치되는 제2광원부(20b)를 포함하여 구비된다.

도 1 및 도 3에서 보는 바와 같이 상기 제1광원부(20a)는 하부에 형성된 체결돌기(25)와 상기 지지봉(51)의 상단면에 형성된 체결공(52)의 결합을 통해 자외선의 조사 방향이 상부를 향하도록 고정된다.

즉, 상기 제1광원부(20a)는 상기 지지봉(51)의 상부에 형성되는 상기 상부커버(100a)의 개방구(14)를 통해 상기 하우징(100)의 상부 방향으로 광(예로, 자외선)을 조사함으로써 모기를 유인한다.

상기 제1광원부(20a)에는 제1광원홀더(22)의 상부에 복수 개의 자외선 LED(21)가 배치되고, 상기 자외선 LED(21)의 상부에는 비구면 렌즈(23)가 덮개 형태로 상기 제1광원홀더(22)와 고정 결합된다.

상기 자외선 LED(21)는 모기에 대한 유인력이 강한 UV-A, 즉 320~400nm 대역의 파장을 방출하는 LED를 사용하는 것이 바람직하다.

상기 비구면 렌즈(23)는 비교적 직진성을 가진 자외선 LED의 조사 영역을 폭넓게 확산시킴으로써, 모기에 대한 유인력을 강화시키기 위한 것으로, 상기 비구면 렌즈(23)의 내부에는 사각뿔 또는 원뿔형의 반사홈(24)이 복수 개로 형성된다.

상기 반사홈(24)은 상기 자외선 LED(21)에서 방출된 자외선을 난반사시키기 위한 것으로서, 난반사를 통해 사방에 있는 모기를 유인하기 위하여 1차적으로 조사 영역을 확장시킨다.

또한 상기 반사홈(24)에 의해 난반사된 자외선이 다시 상기 비구면 렌즈(23)를 통과하여 외부로 방출되므로 자외선의 조사 영역을 더욱 확장시킬 수 있다.

상기와 같은 구성을 통해 자외선의 조사 영역이 사방으로 확장됨에 따라 모기에 대한 유인력을 현저히 향상시킬 수 있는 장점이 있다.

상기 제2광원부(20b)는 후술하는 광촉매와의 반응을 통해 모기를 유인하는 CO_2를 발생시키기 위한 것으로서, 상기 지지봉(51)의 하부에 체결되는 제2광원홀더(26)에 복수 개의 자외선 LED(25)가 배치되어 상기 하우징(100)의 하부 방향으로 광을 조사하도록 구비된다.

상기 CO_2를 이용하여 모기를 유인하기 위해, 상기 하우징(100)의 내부에는 상기 제2광원부(20b)에서 광(자외선)이 조사되는 경우 화학반응을 통해 CO_2가 발생되는 광촉매부(60)가 더 포함될 수 있다.

상기 광촉매부(60)는 도 1 및 도 4에서 보는 바와 같이, 상기 제2광원부(20b)의 하부에 배치되고, 공지의 TiO_2(이산화티타늄) 소재를 이용하여 제작되는 광촉매필터(61), 상기 광촉매필터를 고정하는 필터홀더(63)를 포함하여 구성된다.

상기 광촉매필터(61)는 화학반응의 반응 면적을 증가시키기 위하여 내부에 다수의 공동(62)이 형성되고, 상기 필터홀더(63)에 끼워 맞추어 결합되며, 상기 필터홀더(63)은 측면의 체결돌기(64)를 이용하여 상기 지지봉(51)의 하부에 고정 설치된다.

한편, 상기 광촉매필터(61)에 자외선을 조사하는 상기 제2광원부(20b)는 상기 제1광원부(20a)와 달리, 자외선의 조사 영역을 확장시킬 필요가 없으므로 상술한 비구면 렌즈(23)가 장착되지 않아도 충분하다.

상술한 바와 같은 구성을 통해, 상기 제2광원부(20b)에서 하부 방향으로 상기 광촉매필터(61)에 자외선이 조사되면, 화학반응을 통해 모기에 대한 유인력을 가지는 CO_2가 생성된다.

생성된 상기 CO_2는 상기 거치대(50)의 통공(53)을 통해 상기 하우징(100)의 하부 방향으로 공기와 함께 유동하고, 상기 배출구(90)를 통해 상기 하우징(100)의 외부로 배출되어 확산되므로, 상술한 제1광원부

(20a)에서 조사되는 광에 의한 1차적인 유인과 더불어 2차적인 유인력을 제공하는 바, 모기에 대한 유인력을 더욱 강화시킬 수 있다.

상기 흡기팬부(30)는 구동모터(32), 상기 구동모터(32)의 회전력에 의해 모기와 함께 공기를 흡입하는 흡기팬(31) 및 상기 흡기팬(31)과 상기 구동모터(32)를 지지하는 팬고정부(33)를 포함하여 구성된다.

상기 흡기팬부(30)는 상기 거치대(50)의 타측, 즉 판형 부재의 후단부에 형성된 체결공을 통해 상기 팬고정부(33)와 볼트 결합 등 공지의 방식을 이용하여 고정 결합된다.

상기 흡기팬부(30)는 후술하는 바와 같이 상기 흡기팬(31)의 회전을 이용하여 상기 상부커버(100a) 또는 하우징 본체(100b)의 일측에 형성된 흡입구(10)를 통해 외부의 공기를 후술하는 유동가이드부(40)의 내부로 흡입한다.

또한 상기 흡입구(10)에 추가하여 상기 흡기팬(31)과 인접한 상기 하우징 본체(100b)의 후단부 양측벽에는 모기 흡입구(11, 12)가 형성되어 흡입되는 공기의 흐름에 따라 외부의 모기가 함께 흡입된다.

더불어 상기 상부커버(100a)의 상부면 일측, 즉 상기 흡기팬(31)과 인접한 영역에도 모기의 유입을 더욱 증가시키기 위하여 모기 흡입구(13)가 추가로 형성된다.

상기 모기 흡입구(11, 12)는 상기 흡입구(10)를 통해 흡입되는 공기의 흐름을 방해하지 않도록 공기의 흐름과 동일한 방향으로 형성되는 것이 바람직하다.

한편, 상기 흡입구(10)와 모기 흡입구(11, 12, 13)는 각각 공기와 모기를 흡입하기 위한 것으로 구분하여 설명하였으나, 이에 한정되지 않고 공기와 모기를 함께 흡입하는 것으로 구성될 수도 있으며, 그 형상, 배치되는 위치 또는 형성 개수 등에 구애받지 않고 다양하게 변형하여 적용될 수 있다.

상기 하부커버(100c)는 상기 거치대(50)의 하부에 형성된 체결부(미도시)에 슬라이드 방식으로 결합되어 개폐가 가능하도록 구비되고, 상술한 바와 같이 상기 하우징(100) 내부로 흡입된 공기의 흐름에 따라 이동되는 모기를 포집한다.

또한 흡입된 모기만 포집하고 공기와 CO_2는 외부로 배출되도록 하기 위하여, 상기 하부커버(100c)의 측벽에는 망사형의 포집망이 상기 배출구(90)와 일체로 구비되며, 포집된 모기가 통과하지 못하도록 촘촘한 망상구조로 형성하는 것이 바람직하다.

한편, 도 1에서는 상기 하부커버(100c)의 측벽에만 상기 포집망을 구비하는 것으로 도시하였으나, 이에 한정되지 않고 본 실시 예에 따른 모기포집장치를 설치하는 위치(일례로, 벽걸이 형태)에 따라 상기 하부커버(100c)의 하부면에도 상기 포집망을 구비하는 것으로 구성할 수도 있다.

또한 상기 하우징(100)의 내부에는 상기 흡기팬부(30)와 광원부(20)에 전원을 공급하기 위한 전원부(70)가 더 포함될 수 있다.

본 발명의 일 실시 예에서 상기 전원부(70)는 상기 하부커버(100c)에 인접하여 배치되되, 그 내부에는

PCB 회로가 내장된 제어부(71)와 일측벽에 외부의 전선을 연결하기 위한 관통공이 구비되는 것으로 구성하였으나, 공지의 다양한 방식으로 구성될 수도 있는 바, 상세한 설명은 생략한다.

한편, 본 실시 예에 따른 모기포집장치는 상기 하우징(100)의 내부에 설치되어 상기 흡기팬부(30)에 의해 모기와 함께 흡입된 공기가 상기 배출구(90) 방향으로 유동되도록 유로를 형성하는 상기 유동가이드부(40)를 포함하는 것을 특징으로 한다.

또한 상기 유동가이드부(40)는 상기 유로의 중도에서 유로 단면적이 좁아지는 가속구간을 형성하도록 구성되어, 상기 흡입된 공기가 상기 가속구간을 통과하는 과정에서 가속됨에 따라, 베르누이 원리인 압력차에 의하여 공기와 모기의 흡입 속도 및 배출 속도를 증가시키는 것을 특징으로 한다.

이에 따라 이하에서는 상기 유동가이드부(40)의 구조와 이를 통해 공기의 흡입력과 배출력을 강화시키는 작동 원리에 대해 상세히 설명한다.

상기 유동가이드부(40)는 도 1 및 도 2에서 보는 바와 같이, 상기 하우징 본체(100b)의 내측면의 적어도 일부와 간극(43)을 형성하는 통형상의 가이드본체(41)와 상기 가이드본체(41)의 길이 방향(즉, 통 형상의 길이 방향)으로 형성된 적어도 하나의 슬릿(42a, 42b, 42c)을 포함하여 구성된다.

이에 따라 상기 간극(43)은 흡입된 공기가 유동되는 곡선형의 유로를 형성하는데, 상기 흡기팬(31)에 의해 외부에서 흡입된 공기가 상기 간극(43)으로 원활하게 유입될 수 있도록, 상기 간극(43)의 일측에는 간극 방향으로 유로가 좁아지는 유입구(G)가 형성되고 타측에는 유도판(P1)이 설치된다.

상기 유입구(G)는 상기 흡기팬(31)에 의해 외부에서 흡입된 공기를 상기 유입구(G)로 원활히 유도하기 위하여, 상기 흡기팬(31)에 대향하여 배치되는 것이 바람직하다.

또한 상기 유입구(G)를 통해 유입된 공기가 상기 간극(43)을 유동하다가 후술하는 슬릿(42)을 통해 상기 유동가이드부(40)의 내부공간(44)으로 배출되도록 유도하기 위하여, 상기 간극(43)의 말단부, 즉 상기 유도판(P1)에 인접한 간극(43) 지역에는 정지판(P2)이 설치된다.

상기 유도판(P1) 및 정지판(P2)은 상기 유동가이드부(40)와 체결되거나 일체로 형성된다.

한편, 상기 가이드본체(41)에는 상기 간극(43)을 따라 복수의 지점에 좁은 틈새 형태의 슬릿(42a, 42b, 42c)이 상기 가이드본체(41)의 길이 방향으로 형성된다.

상기 슬릿(42)은 도 2c에서 보는 바와 같이, 수평 방향으로는 상기 가이드본체(41)의 원주면의 접선 방향에 근사하도록 절개되어 형성되고, 수직 방향으로는 상부에서 하부로 내려갈수록 상기 가이드본체(41)의 외측 방향으로 경사지도록 구비된다.

즉, 상기 슬릿(42)은 상기 간극(43)을 따라 유동되는 공기의 흐름 방향과 거의 일치하도록 형성되므로, 상기 유입구(G)를 통해 유입된 공기가 상기 간극(43)을 따라 유동하다가 상기 슬릿(42)을 통해 상기 가이드본체(41)의 내부공간(44)으로 원활하게 배출될 수 있다.

또한 상기 슬릿(42)이 상기 유동가이드부(40)의 상부에서 하부로 내려갈수록 경사지게 형성됨에 따라, 상기 슬릿(42)을 통과한 공기는 회오리를 형성하므로, 상기 가이드본체(41)의 내부공간(44)에서 하부 방향으로의 배출이 강력하게 진행된다.

또한 상기 간극(43)의 말단부가 상기 정지판(P2)에 의해 폐쇄되고, 상기 유입구(G)를 통해 상기 간극(43)으로 공기가 지속적으로 유입됨에 따라, 상기 간극(43) 내부의 유동압력이 상승하지만, 이후 공기가 상기 슬릿(42)의 좁은 틈새를 통과하면서 베르누이 원리에 의해 압력이 급속히 감소하므로 공기의 유속이 급격히 증가된다.

즉, 상기 흡기팬(31)에 의해 흡입된 공기는 상기 간극(43)을 통과하는 과정에서 1차적으로 가속되고, 상기 슬릿(42)을 통해 상기 가이드본체(41)의 내부공간(44)으로 유동하는 과정에서 2차적으로 가속된 후 상기 가이드본체(41)의 하부를 지나 상기 배출구(90)를 통해 외부로 배출된다.

한편, 상기 유동가이드부(40)는 도 1에서 보는 바와 같이, 상기 거치대(50)의 상부에 결합되고 상부에 상기 상부커버(100a)를 덮음으로써, 상기 제1광원부(20a)가 노출되는 영역을 제외하고, 상기 개방구(14)의 대부분이 차단되도록 구비되는 것이 바람직하다.

이는 외부에서 흡입된 공기가 상기 유동가이드부(40)에서 유동한 후, 상기 상부커버(100a)의 상부 방향에 위치한 상기 개방구(14)로 분기되어 배출되는 경우 유동압력이 감소되므로, 이를 방지하여 공기가 상기 하우징(100)의 하부 방향으로 배출되도록 유도하기 위함이다.

상기와 같은 과정을 통해, 상기 가이드본체(41)의 내부공간(44)으로 배출된 공기는 상기 슬릿(42)의 경사 방향에 따라 상기 가이드본체(41)의 내부공간(44)에서 와류(소용돌이 또는 회오리)를 형성하여 유속이 더욱 증가되므로, 상기 거치대(50)의 통공(53)을 통해 하부로 유동되는 공기의 배출력이 현저히 강화되는 장점이 있다.

상기와 같이 공기의 배출력이 강화되면 공기의 흡입력도 동시에 강화되어 모기를 포집하는 성능이 현저히 개선되는 장점이 있다.

또한 공기의 배출력이 강화됨에 따라 상기 자외선과 광촉매필터(61)에 의해 생성된 CO_2의 배출 또한 증가되므로, 모기에 대한 유인력이 더욱 증가되는 장점이 있다.

② 제2실시 예

이하에서는 본 발명의 제2실시 예에 따른 모기포집장치(200)의 구조 및 동작을 첨부된 도면을 이용하여 상세히 설명하기로 한다.

다만 상기 본 발명의 제1실시 예에서 설명한 내용과 동일한 부분은 편의상 생략하고, 본 발명의 제2실시 예에 따른 유동가이드부(240)의 기술적 특징에 대하여 상술한다.

도 5는 본 발명의 제2실시 예에 따른 모기포집장치의 구성을 나타낸 분해사시도이고, 도 6은 본 발명의 제2실시 예에 따른 모기포집장치에서 공기의 흐름에 따른 흡입력을 나타낸 단면사시도(a), 흡입력을 향상시키는 유동가이드부의 사시도(b) 및 측면도(c)이다.

본 발명의 제2실시 예에 따른 하우징(200)은 상부커버(200a)와 상기 상부커버(200a)의 하부에 결합되는 하부커버(200c)를 포함하여 구비된다.

또한 유동가이드부(240)는 상기 상부커버(200a)의 내측면의 적어도 일부와 간극(243)을 형성하는 통형상의 가이드본체(241)와 흡입구(210)를 통해 흡입된 공기를 상기 간극(243)의 상부 방향으로 유도하도록 경사면이 형성된 가이드판(245)을 포함하여 구성된다.

이를 통해 상기 가이드본체(241)의 상부 테두리와 상기 상부커버(200a)의 내측면 사이에 슬릿 형상의 유로(242)가 형성된다.

이에 따라 상기 흡기팬(231)에 의해 흡입된 공기는 상기 간극(243)을 통과하는 과정에서 1차적으로 가속되고, 상기 슬릿 형상의 유로(242)를 통해 상기 가이드본체(241)의 내부로 유동하는 과정에서 2차적으로 가속된 후, 상기 배출구(290)를 통해 배출되는 것을 특징으로 한다.

이를 위해 상기 가이드본체(241)의 상단부 테두리에는 원주면의 지름이 증가하여 외부로 확장되도록 상향만곡부(247)가 형성되고, 하단부에는 거치대(250)에 체결될 수 있도록 복수 개의 체결공이 형성된다.

또한 상기 가이드판(245)은 상기 흡기팬(231)에 의해 흡입된 공기를 상기 간극(243)으로 흡입되는 바람의 에너지 손실을 줄이도록, 즉 바람의 세기를 유지하면서 유도하기 위하여 상기 흡기팬(231)에 대향하여 유선형의 굴곡진 경사면이 형성되도록 구비된다.

즉, 상기 가이드판(245)의 경사면은 일측이 상기 흡기팬(231)에 인접하여 바닥에 닿고, 타측이 상기 간극(243) 방향으로 상향되도록 형성된다.

따라서 상기 흡기팬(231)에 의해 흡입된 공기는 상기 가이드판(245)의 유선형의 굴곡진 경사면을 따라 상부로 유동하여 상기 간극(243)으로 유입된다.

한편 도 6a에서 보는 바와 같이, 상기 유동가이드부(240)는 상부에 상기 상부커버(200a)가 결합되는데, 상기 상부커버(200a)의 상부면 일측에는 상기 가이드본체(241)를 중심으로 원형의 개방구(202)가 형성되고, 상기 개방구(202)의 테두리는 원의 중심 방향, 즉 내측 방향으로 원주면의 지름이 감소하면서 하향만곡부(203)가 형성된다.

이에 따라 상기 상부커버(200a)가 상기 유동가이드부(240)와 결합되면, 상기 가이드판(245)의 테두리가 상기 하우징(200a)의 내측면에 밀착 접촉되어 상기 간극(243)은 상기 가이드본체(241)의 외측면 일부를 따라 파이프 형상의 유로를 형성한다.

이때 상기 간극(243)을 통과하는 공기는 유동저항이 감소하고, 상기 간극(243)의 상부 방향으로 상기 공기의 유동을 가이드하기 위하여 상기 가이드판(245)의 테두리에는 상기 가이드본체(241)와 일정 거리만큼 이격되어 벽체 형상으로 둘러싸는 가이드돌기(246)가 형성된다.

또한 상기 가이드본체(241)의 상단부 테두리, 즉 상기 상향만곡부(247)와 상기 상부커버(200a)의 상부 내측면, 즉 상기 개방구(202)의 하향만곡부(203) 사이에 슬릿 형상의 유로(242)가 형성됨에 따라, 상기 간극(243)의 내부를 유동하던 공기는 상기 슬릿 형상의 유로(242)를 통해 상기 가이드본체(241)의 내부공간(202)으로 유입되고, 상기 거치대(250)에 형성된 통공(253)을 지나 상기 하부커버(200c)의 일측에 구비된 배출구(290)를 통해 외부로 배출된다.

이때 상기 간극(243)으로부터 상기 슬릿 형상의 유로(242)를 통과하는 공기는 좁은 틈을 통과해야 하므로, 상술한 베르누이 원리에 의해 유체의 유동단면적이 감소함에 따라 유동압력이 감소되어 유속이 급속히 증가되는 효과가 발생한다.

즉, 상기 흡기팬(231)에 의해 흡입된 공기는 상기 간극(243)을 통과하는 과정에서 1차적으로 가속되고, 상기 슬릿 형상의 유로(242)를 통해 상기 가이드본체(241)의 내부로 유동하는 과정에서 2차적으로 가속되어 상기 하부커버(200c)에 형성된 상기 배출구(290)를 통해 배출된다.

상술한 바와 같이, 본 발명의 제2실시 예에 따른 모기포집장치는 외부에서 흡입된 공기가 모기와 함께 상기 유동가이드부(240)와 상기 상부커버(200a)의 내측면에 의해 형성된 간극(243)을 유동하다가, 상기 슬릿 형상의 유로(242)를 통과하면서 유속이 급격히 증가되므로, 공기의 배출력이 현저히 강화되는 장점이 있다.

또한 흡입된 공기의 배출력이 강화됨에 따라 흡입력도 강화되므로, 모기에 대한 포집 능력이 현저히 향상되는 장점이 있다.

이와 더불어 자외선과 광촉매필터의 반응에 의해 생성된 CO_2의 배출력도 동반하여 상승되므로, 모기에 대한 유인력이 더욱 강화되는 장점이 있다.

③ 제3실시 예

이하에서는 본 발명의 제3실시 예에 따른 모기포집장치의 구조 및 동작을 첨부된 도면을 이용하여 상세히 설명하기로 한다.

다만 상기 본 발명의 제1실시 예 및 제2실시 예에서 설명한 내용과 동일한 부분은 편의상 생략하고, 본 발명의 제3실시 예에 따른 유동가이드부(340)의 기술적 특징에 대하여 상술한다.

또한 도면의 경우 흡입된 공기의 흐름을 설명하기 위한 필수적인 부재 위주로 도시하였으며, 간접적인 부재는 생략하였다.

도 7은 본 발명의 제3실시 예에 따른 모기포집장치의 구성 및 공기의 흐름을 나타낸 단면사시도(a)

및 유동가이드부의 사시도(b)이다.

본 발명의 제3실시 예에 따른 모기포집장치는 일측에 개방구(311)가 형성된 하우징(300), 상기 개방구(311)의 중앙부에 설치되어 모기를 유인하기 위한 광을 상기 하우징(300)의 외부로 조사하는 제1광원부(320a), 상기 하우징(300)의 내부에 설치되어 상기 개방구(311)와 제1광원부(320a)의 테두리 사이에 형성되는 간극 형상의 흡입구(310)를 통해 상기 제1광원부(320a)에 의해 유인된 모기와 함께 공기를 흡입하여 포집망이 설치된 상기 하우징의 타측 배출구(390a, 390b, 390c, 390d)를 통해 배출하는 흡기팬부(330) 및 상기 개방구(311)의 하부에 설치되어 상기 흡기팬부(330)에 의해 흡입된 공기가 상기 배출구(390)가 형성된 사방으로 유동되도록 경사곡면이 형성되는 유동가이드부(340)를 포함하여 구성된다.

이에 따라 상기 흡기팬부(330)에 의해 흡입되는 공기는 모기와 함께 상기 개방구(311)와 상기 제1광원부(320a)의 사이에 형성된 간극 형상의 흡입구(310)를 통과하면서 가속되고, 상기 유동가이드부(340)를 지나면서 유동저항이 감소되어 상기 흡기팬부(330)에 의해 외부로 배출됨으로써 공기의 배출 속도 및 흡입 속도를 증가시키는 것을 특징으로 한다.

이때 상기 유동가이드부(340)는 도 7b에서 보는 바와 같이 유선형의 굴곡진 경사곡면(341)을 포함하되, 상기 경사곡면(341)의 상부(342)에서 하부(343)로 공기를 유도하므로, 공기의 유동이 원활해져서 유동저항이 감소되는 효과가 있다.

이를 위해 상술한 실시 예들과 달리 외부의 공기를 흡입하는 흡입구(310)를 상기 상부커버(300a)의 상부에 설치하고, 흡기팬(330)의 흡인력에 의해 상부에서 유입된 공기가 상기 경사곡면(341)을 따라 유도되어 하부커버(300c)에 형성된 배출구(390a, 390b, 390c, 390d)를 통해 배출되도록 구성된다.

또한 상기 개방구(311)가 배치된 지역의 중심부에 상기 제1광원부(320a)를 설치하여 모기를 유인함으로써, 공기의 흡입과 함께 모기의 흡입도 강화되도록 구성된다.

상술한 바와 같이 본 발명의 제3실시 예에 따른 모기포집장치는 상기 개방구(311)와 상기 제1광원부(320a)의 사이에 형성되는 간극 형상의 흡입구(310)를 통해 외부의 공기를 흡입함에 따라, 상술한 베르누이 원리에 의해 흡입되는 공기의 유속이 증가되므로, 공기의 배출력이 강화되는 장점이 있다.

또한 외부에서 공기를 흡입하기 위한 흡입구(310)를 상기 상부커버(300a)의 상부에 설치하고, 경사곡면(341)이 형성되는 유동가이드부(340)를 상기 흡입구(310)의 하부에 배치함으로써, 흡입된 공기의 유동저항을 감소시킬 수 있는 바, 공기의 배출력이 강화되는 장점이 있다.

또한 상기 흡입구(310)와 자외선에 의해 모기를 유인하기 위한 제1광원부(320a)를 동일한 영역에 배치함으로써, 상기 제1광원부(320a)에 의해 유인된 모기를 상기 흡기팬부(330)에 의한 흡입력을 더욱 강화시킬 수 있는 장점이 있다.

이상에서 본 발명의 바람직한 실시 예에 대하여 상세하게 설명하였지만 본 발명의 권리범위는 이에 한정되는 것은 아니고, 아래 청구범위에서 정의하고 있는 본 발명의 기본 개념을 이용하여 통상의 기술자에 의한 다양한 변형 및 개량도 본 발명의 권리범위에 속하는 것이다.

✦ 부호의 설명

10, 210, 310: 흡입구	20: 광원부
30: 흡기팬부	40, 240, 340: 유동가이드부
50: 거치대	60: 광촉매부
70: 전원부	90, 290, 390: 배출구
100, 200, 300: 하우징	

7) (특허권리) 청구범위

① 청구항 1

일측에 흡입구가 형성되고 타측에 모기 포집망이 구비된 배출구가 형성되는 하우징;

상기 하우징의 내부에 설치되어 모기를 유인하기 위한 광을 조사하는 광원부;

상기 하우징의 내부에 설치되어 상기 광원부에 의해 유인된 모기와 함께 상기 흡입구를 통해 흡입된 공기를 상기 배출구를 통해 배출하는 흡기팬부; 및

상기 하우징의 내부에 설치되어 상기 흡기팬부에 의해 흡입된 공기가 상기 배출구 방향으로 유동되도록 유로를 형성하는 유동가이드부를 포함하되,

상기 유동가이드부는 상기 유로의 중도에서 유로 단면적이 좁아지는 가속구간을 형성하도록 구성되어, 상기 흡입된 공기가 상기 가속구간을 통과하는 과정에서 가속됨에 따라, 공기와 모기의 흡입 속도, 흡입력 및 CO_2의 배출 속도를 증가시키는 것을 특징으로 하는 모기포집장치.

② 청구항 2

제1항에 있어서,

상기 유동가이드부는 상기 하우징의 내측면의 적어도 일부와 간극을 형성하는 통형상의 가이드본체와

상기 가이드본체의 길이 방향으로 형성된 적어도 하나의 슬릿을 포함하되,

상기 공기는 상기 간극을 통과하는 과정에서 1차적으로 가속되고, 상기 슬릿을 통해 상기 가이드본체의 내부로 유동하는 과정에서 2차적으로 가속된 후, 상기 배출구를 통해 배출되는 것을 특징으로 하는 모기포집장치.

③ 청구항 3

제1항에 있어서,

상기 유동가이드부는 상기 하우징의 내측면의 적어도 일부와 간극을 형성하는 통형상의 가이드본체와

상기 흡입구를 통해 흡입된 공기를 상기 간극의 상부 방향으로 유도하도록 경사면이 형성된 가이드판을 포함하되,

상기 가이드본체의 상부 테두리와 상기 하우징의 내측면 사이에 슬릿 형상의 유로가 형성되고,

상기 흡입된 공기는 상기 간극의 상부를 통과하는 과정에서 1차적으로 가속되고, 상기 슬릿 형상의 유로를 통해 상기 가이드본체의 내부로 유동하는 과정에서 2차적으로 가속된 후, 상기 배출구를 통해 배출되는 것을 특징으로 하는 모기포집장치.

④ 청구항 4

제2항 또는 제3항에 있어서,

상기 하우징의 내부 일측에 기둥 형태로 돌출되는 지지봉을 더 포함하되,

상기 광원부는 상기 하우징의 외부에 광을 조사함으로써 모기를 유인하기 위하여, 상기 지지봉의 상부에 설치되어 상기 하우징의 개방구를 통해 광을 조사하는 제1광원부를 포함하는 것을 특징으로 하는 모기포집장치.

⑤ 청구항 5

제4항에 있어서,

상기 광원부는 모기를 유인하기 위한 광의 조사 영역을 확장시키기 위하여 상기 제1광원부의 상부에 설치되는 비구면 렌즈를 포함하되,

상기 제1광원부에서 방출된 광이 상기 비구면 렌즈를 통과하여 상기 하우징의 개방구를 통해 외부로 조사되는 것을 특징으로 하는 모기포집장치.

⑥ 청구항 6

제5항에 있어서,

상기 비구면 렌즈는 상기 광의 조사 영역을 더욱 확장시키기 위하여, 상기 광을 난반사시키는 복수개의 반사홈을 포함하는 것을 특징으로 하는 모기포집장치.

⑦ 청구항 7

제4항에 있어서,

상기 광원부는 상기 지지봉의 하부에 설치되어 하부 방향으로 광을 조사하는 제2광원부; 및 상기 제2광원부에서 조사되는 자외선과의 화학반응을 통해 CO_2를 발생시키는 광촉매필터를 더 포함하되, 상기 CO_2는 공기가 배출될 때 상기 하우징의 외부로 배출되어 모기를 유인하는 것을 특징으로 하는 모기포집장치.

⑧ 청구항 8

일측에 개방구가 형성된 하우징;

상기 개방구의 중앙부에 설치되어 모기를 유인하기 위한 광을 상기 하우징의 외부로 조사하는 광원부;

상기 하우징의 내부에 설치되어 상기 개방구와 광원부의 테두리 사이에 형성되는 간극을 통해 상기 광원부에 의해 유인된 모기와 함께 공기를 흡입하여 포집망이 설치된 상기 하우징의 타측 배출구를 통해 배출하는 흡기팬부; 및

상기 개방구의 하부에 설치되어 상기 흡기팬부에 의해 흡입된 공기가 상기 배출구 방향으로 유동되도록 경사곡면이 형성되는 유동가이드부를 포함하되,

상기 흡기팬부에 의해 흡입되는 공기는 상기 개방구와 광원부의 사이에 형성된 간극을 통과하면서 가속되고, 상기 유동가이드부를 지나면서 유동저항이 감소되어 상기 흡기팬부에 의해 외부로 배출됨으로써 공기의 배출 속도, 흡입 속도 및 흡입력을 증가시키는 것을 특징으로 하는 모기포집장치.

8) 요약서

① 요약

본 발명은 모기를 포집하는 장치에 관한 것으로, 자외선 LED에 비구면 렌즈를 장착하여 자외선의 조사영역을 확장함으로써, 모기에 대한 유인력을 강화하고, 흡기팬부에 의해 외부로부터 모기와 함께 흡입된 공기의 유속을 강화시키는 유동가이드 부재를 채용하여 공기의 흡입속도, 흡입력 및 발생된 CO_2의 배출속도를 증가시킴으로써, 모기를 포집하는 성능을 현저히 향상시킨 모기포집장치를 개시한다.

9) 대표도 및 도면

① 대표도

도 2

② 도면

[도 1]

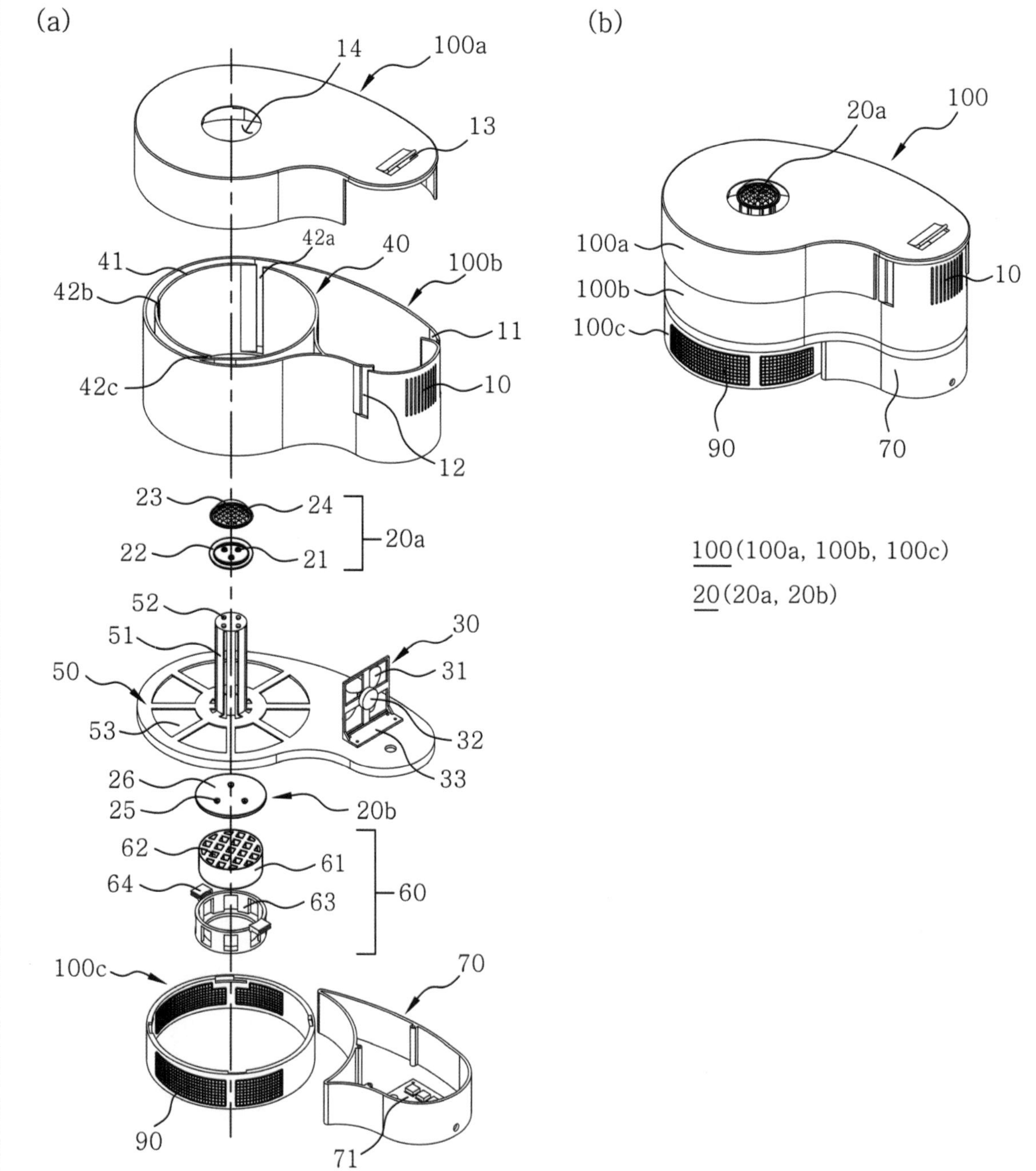

(a)
14
100a
13
41
42a
40
100b
42b
11
42c
10
12
23
24
20a
22
21
52
51
30
50
31
53
32
33
26
25
20b
62
61
64
63
60
100c
70
90
71
(b)
20a
100
100a
100b
10
100c
90
70
100(100a, 100b, 100c)
20(20a, 20b)

[도 2]

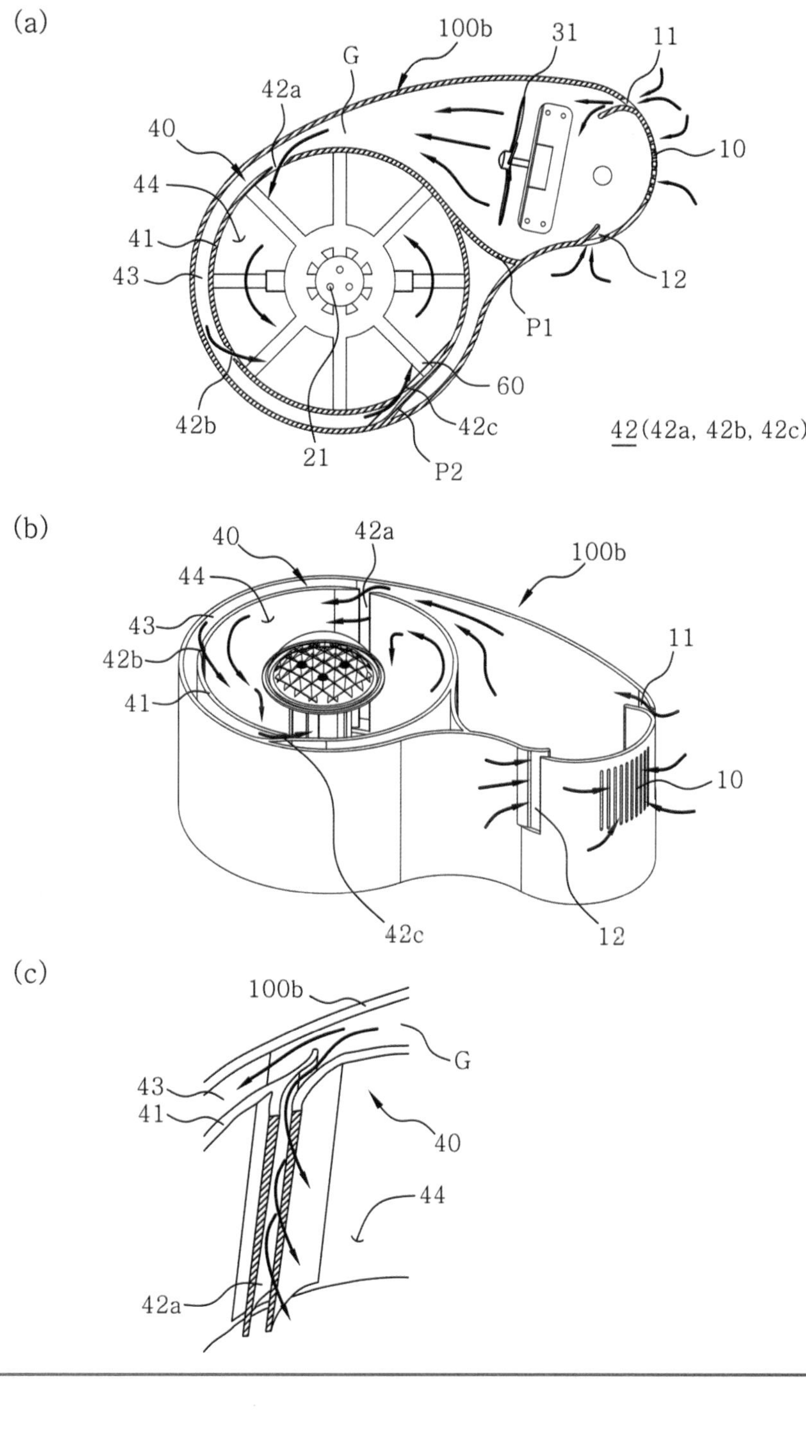
(a)
100b
31
11
G
42a
40
10
44
41
43
12
P1
60
42b
42c
42(42a, 42b, 42c)
21
P2
(b)
40
42a
100b
44
43
42b
11
41
10
42c
12
(c)
100b
G
43
41
40
44
42a

[도 3]

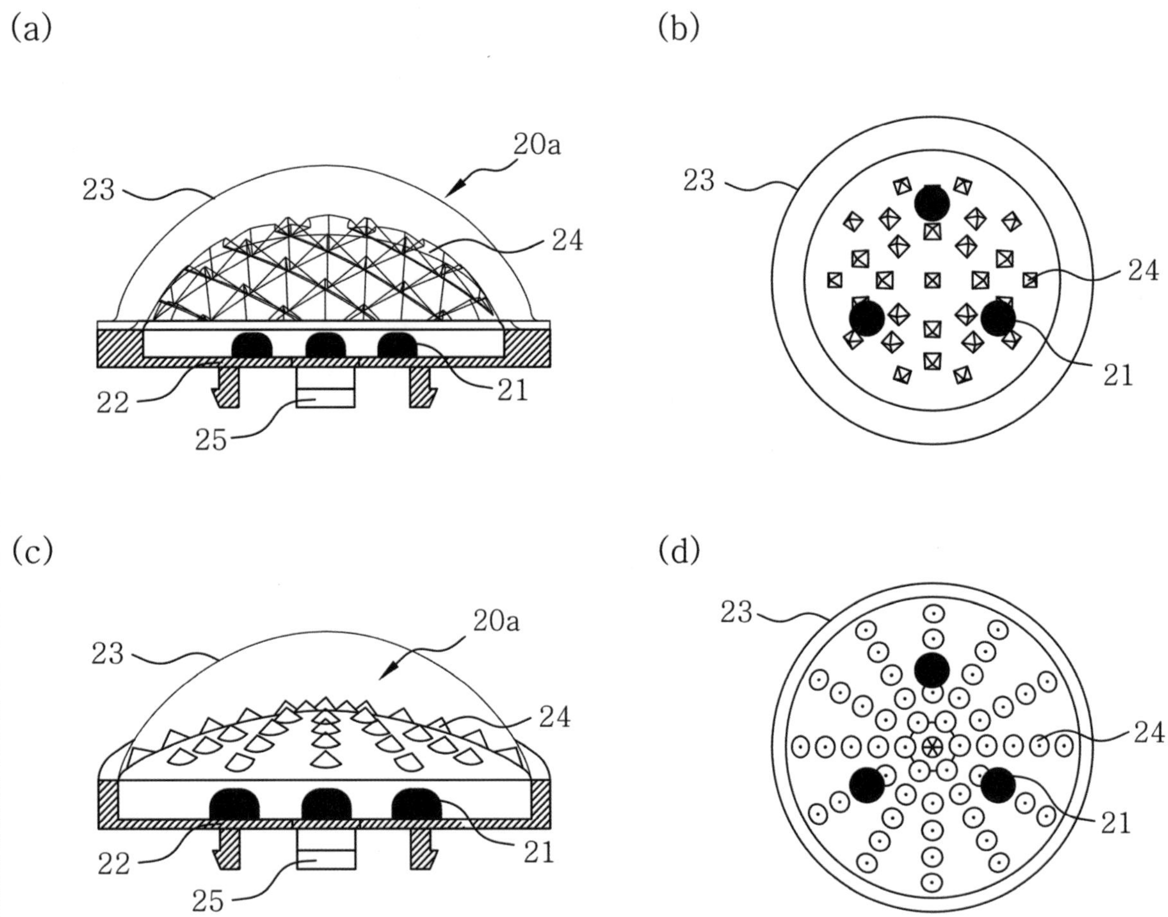

[도 4]

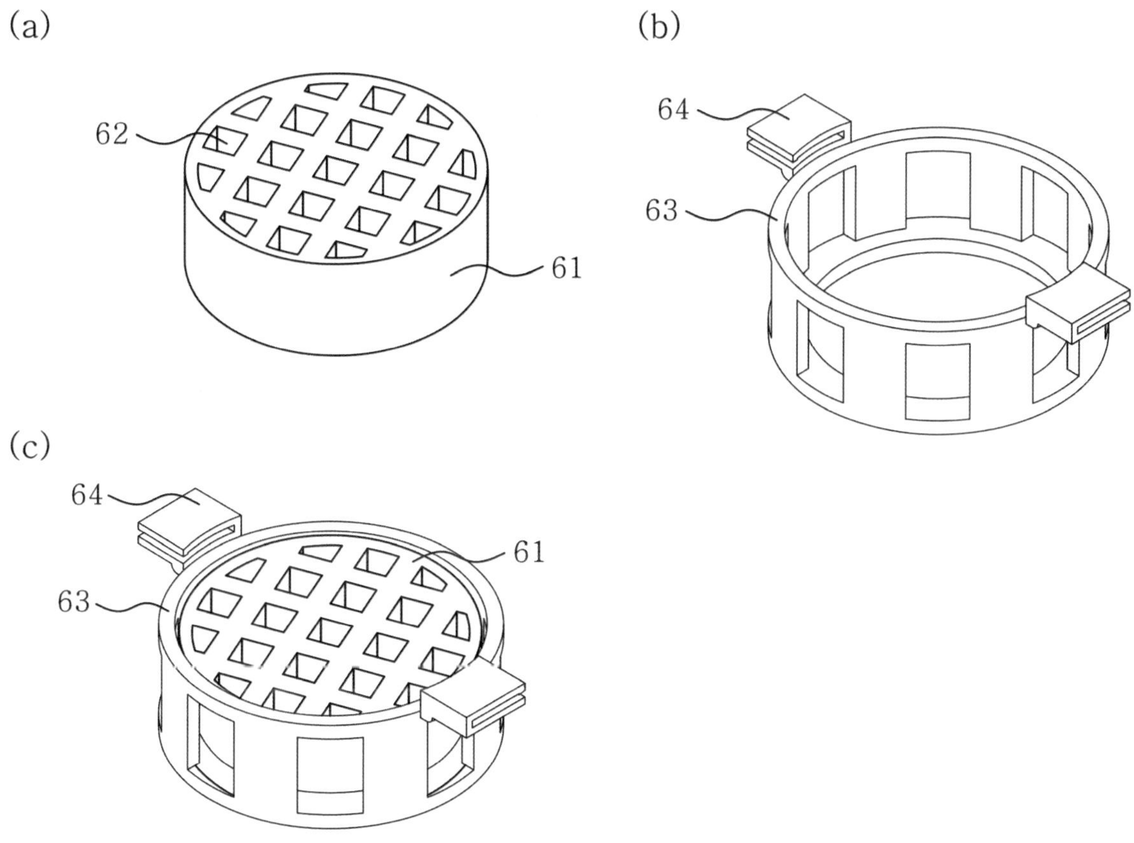

[도 5]

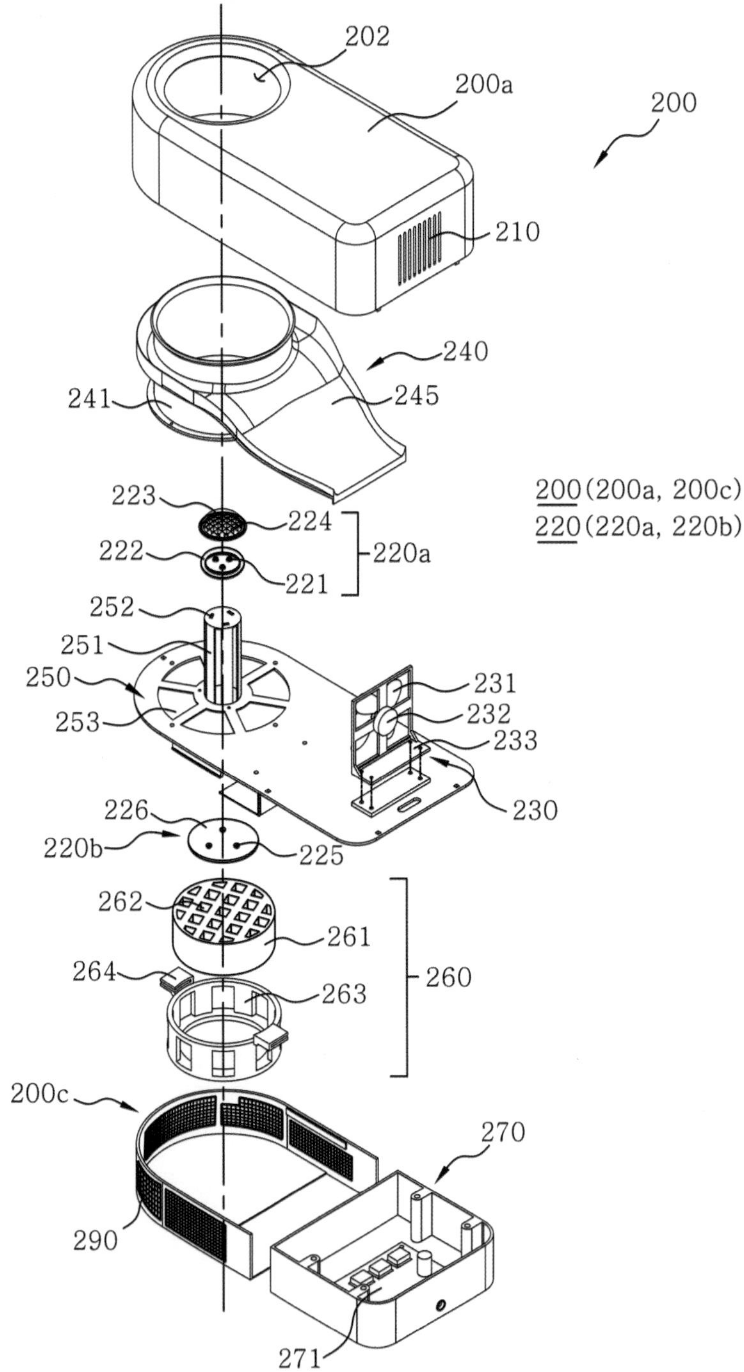
202
200a
200
210
240
241
245
200(200a, 200c)
220(220a, 220b)
223
224
222
220a
221
252
251
250
231
232
233
253
230
226
220b
225
262
261
264
260
263
200c
270
290
271

[도 6]

(a)

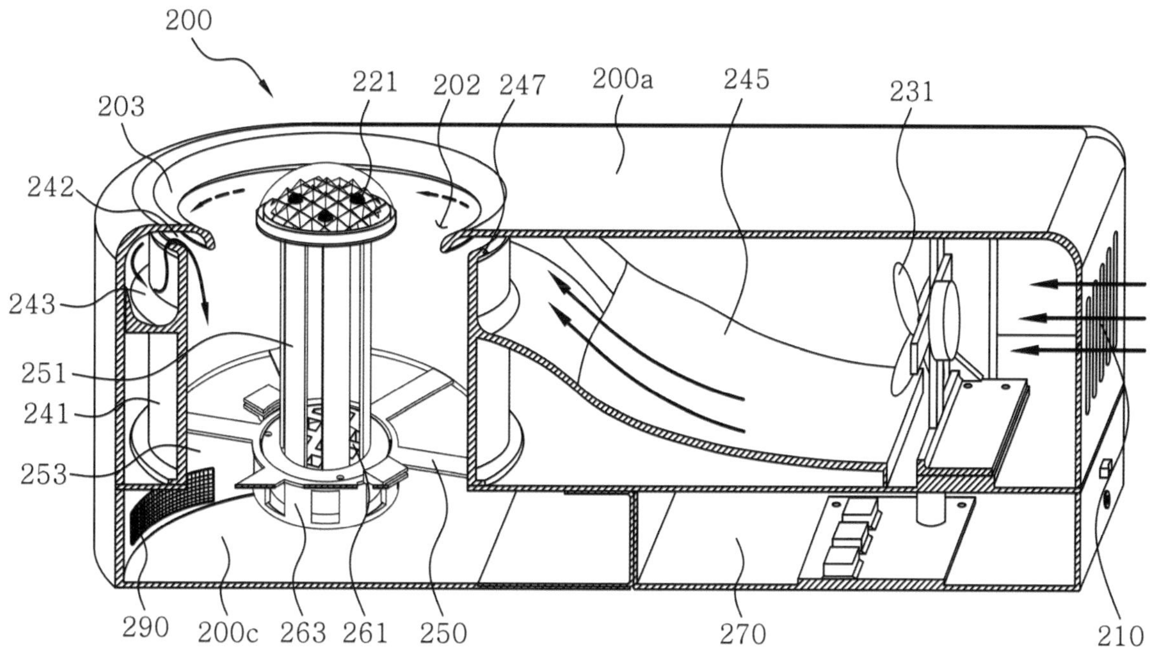
200
221
202
247
200a
245
231
203
242
243
251
241
253
290
200c
263
261
250
270
210

(b)

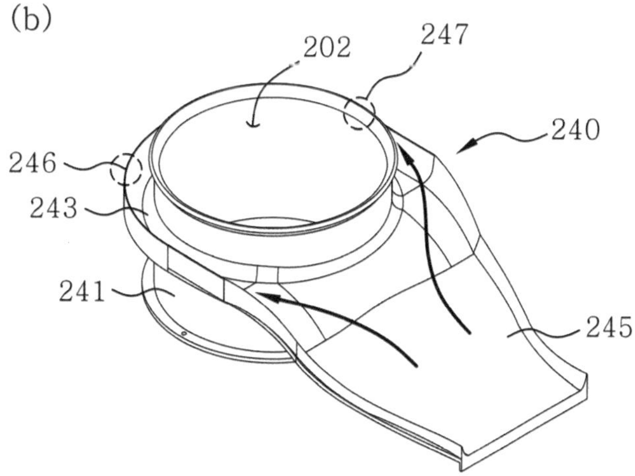
202
247
240
246
243
241
245

(c)

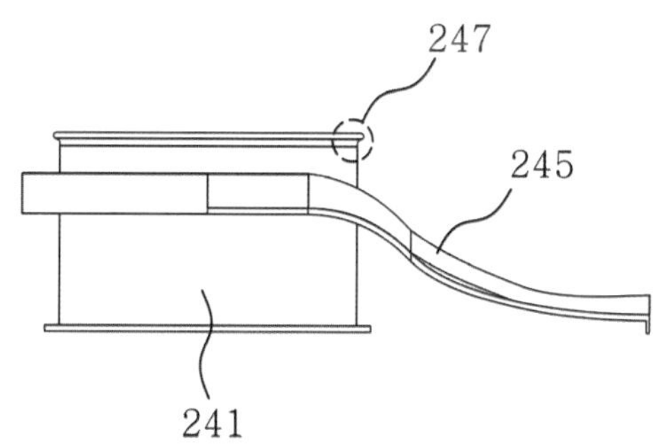
247
245
241

[도 7]

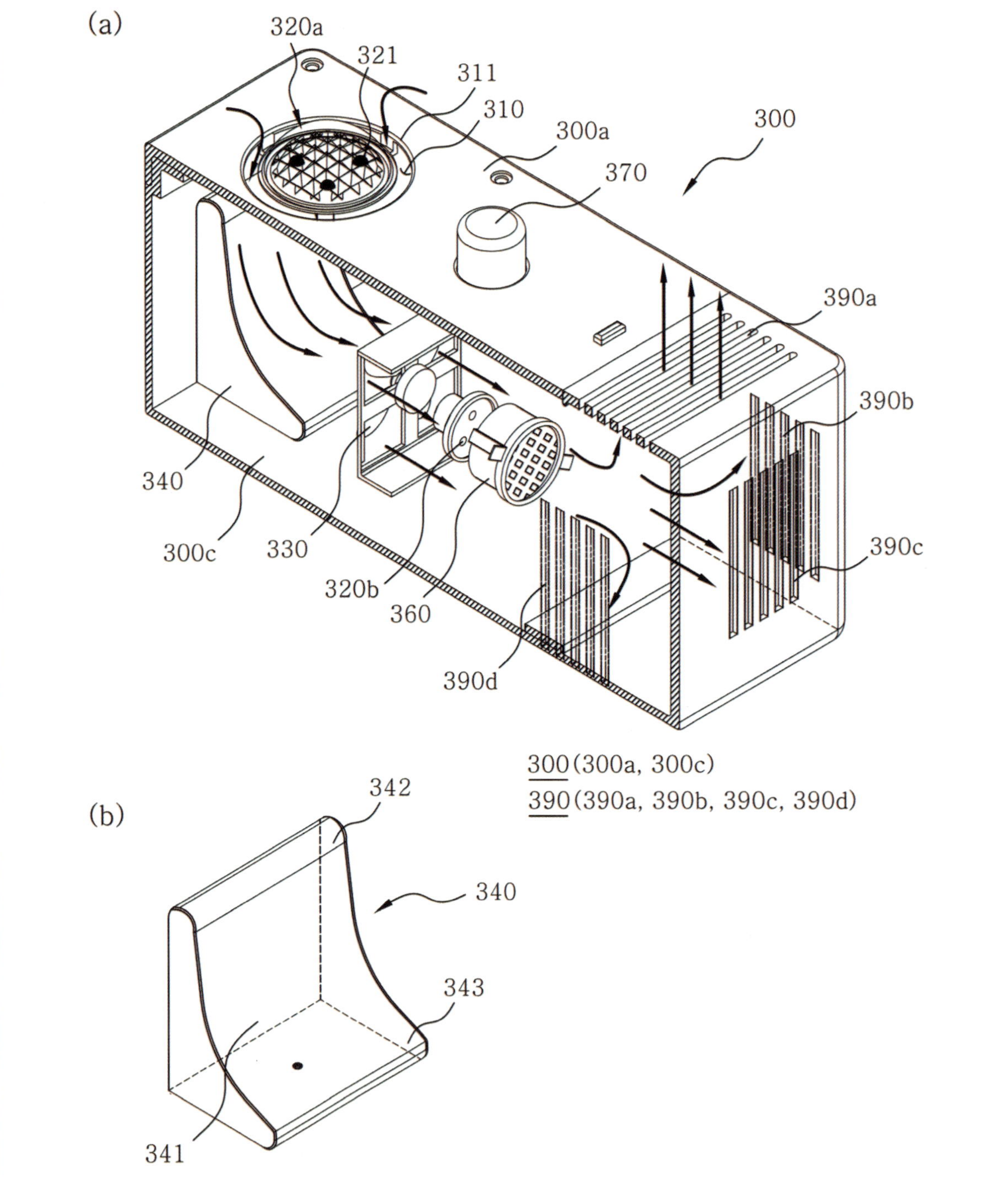
(a)
320a
321
311
310
300a
300
370
390a
390b
340
300c
330
320b
360
390d
390c
300(300a, 300c)
390(390a, 390b, 390c, 390d)
(b)
342
340
343
341

참고문헌

이국환, “미래창조를 위한 창의성”, 카오스북, 2013.

이국환, “창의적 공학설계 및 특론 강의 및 교육 자료”, 2008~2022.

이국환, “최신 제품설계(Advanced Product Design)-ICT 및 융복합 제품개발을 위한”, 기전연구사, 2017.

이국환, “기술사업화를 위한 제품개발 플랫폼” 강연 자료, 2021.

이국환, “R&D 개발 프로세스에 따른 사업화” 발표 자료, 2019.

이국환, “스마트폰 개발전략(Development Strategy of Smart Phone)”, 기전연구사, 2020.

이국환, “기계시스템응용설계” 강의자료, 2017~2022.

이국환, 김성호 공저, “제품 · 서비스 플랫폼 개발전략(Product & Service Platform Development Strategy)”, 진샘미디어, 2022.

이국환 · 정종원, “모기포집장치(Device for collecting mosquitos)”, 특허 제10-1891530, 특허청, 2018.

이국환, “모기포획장치(Mosquitos catching device)”, 특허 제10-1884528, 특허청, 2018.

산업부, “산업원천기술개발사업에 대한 TRL”, 2014.

산업부, 한국산업기술평가관리원(KEIT), “개념설계 R&D 기술개발사업 최종결과보고서”, 2022.

Altshuller, G. S., “Creativity as an Exact Science”, Gordon and Breach, 1988.

Karl T. Ulrich and Steven D. Eppinger, “Product Design and Development”, McGraw Hill, 2008.

Victor Fey and Eugene Rivin, “Innovation on Demand”, CAMBRIDGE UNIVERSITY PRESS, 2005.

구글 과학기술, 논문 및 학술 검색(www.scholar.google.com).

구글 특허 검색(www.patents.google.com).

구글(www.google.com) 인터넷 검색.

네이버(www.naver.com) 인터넷 검색.

다음(www.daum.net) 인터넷 검색.

위키피디아(www.wikipedia.org).

특허청 특허검색, 특허정보넷 키프리스(www.kipris.or.kr).

찾아보기

국문

ㄱ

ㄴ

ㄷ

영문

저자소개

이국환(李國煥)

한양대학교 정밀기계공학과와 동대학원을 졸업한 후 한국산업기술대학교에서 기계시스템응용설계 관련 박사학위를 받았다. 35년 이상 대우자동차 연구소, LG전자 중앙연구소, 대학교에서 기계·시스템 및 부품·소재, 전자·정보통신, 환경·에너지, 의료기기 산업 등에서 아주 다양한 융·복합기술 분야의 첨단 R&D, 제품개발 및 프로젝트를 수행하였다.

주요 내역은 다음과 같다.

- LG전자 특허발명왕 2년(1992년~1993년) 연속 수상(회사 최초)
- LG그룹 연구개발 우수상 수상(1996년) – 국내 최초 및 세계 최소형·최경량 PDA(개인휴대정보단말기) 개발로 1996년 한국전자전시회 국무총리상 수상
- 문화관광부선정 과학기술분야 우수학술도서 저술상 3회 수상(1998년, 2001년, 2014년)–국내 최다
- 2021년 제39회 한국과학기술도서상 출판대상 수상(과학기술정보통신부장관상) – "이국환 교수와 함께하는 스마트폰 개발과 설계기술" 시리즈 총 3권
- "중소기업을 위한 지식재산관리 매뉴얼" 자문 및 감수위원(특허청, 대한변리사회)
- LG전자, 삼성전자, 에이스안테나, 만도 등 다수 기업(BM발굴, 개발 및 현업문제해결 컨설팅, 특강)과 현대·기아 차세대 자동차 연구소(창의적 문제해결 방법론 교육)
- 삼성전기에서 제품개발 및 설계 직무교육
- 정부출연연구기관, 한국산업단지공단, 중소기업진흥공단, 한국생산성본부, 지자체, 대학교 등에서 창의적 제품개발, 신사업발굴, R&D전략 및 기술사업화(R&BD), 창의적 문제해결 방법론 등 교육 및 강의
- 첨단 제품 및 시스템 관련 미국특허(2건), 중국특허(2건) 및 국내특허 20여개 보유

현재 한국공학대학교에서 기계시스템응용설계, 창의적 공학설계, ICT 제품설계·개발 등과 더불어 대학원에서 기술사업화 및 R&D전략, 특허기반의 제품·시스템개발 및 기술사업화(IP-R&D, R&BD), 기술경영(MOT) 등을 가르치고 있으며, 정부 R&D 개발사업화 과제 선정 및 평가위원장 등 다수 역할을 수행하고 있다.

또한, 다양한 융·복합기술 분야에서 창의적이며 혁신적인 특허·지식재산권(PM : Personal Mobility, 전동개인이동수단 관련

다수의 국내 및 미국특허등록, 중국특허등록, 해외특허 PCT 출원)을 보유하고 있으며 이를 활용한 글로벌 혁신적, 창의적이며 차별화된 첨단 제품과 시스템 개발에도 열정을 쏟고 있다.
㈜피엠모터스(www.pmmotors.co.kr) 창업자 겸 원천기술 개발자(30여 편의 국내외 특허 보유)로 과학자, 공학자, 발명가로 활동 중이다.

다음과 같은 전문 분야에서도 활발한 활동을 하고 있다.

- 창의성, 창의적 문제해결의 방법론 및 창의적 개념설계안의 도출·구체화
- 혁신적·창의적 개념설계(Concept design) R&D 및 연구과제·아이템 창출
- 선행 연구개발 및 창의적(Creative) 도전기획과제 발굴 및 창출
- 특허기술의 사업화(Open innovation), 특허분석 및 회피설계
- 제품개발과 기술사업화 전략, 사업아이템 발굴 및 BM(비즈니스 모델) 전략수립
- 제품·시스템설계 및 개발공학, 동시공학적 개발(CAD/CAE/CAM), 원가절감(VE) 및 생산성(Q.C.D) 향상
- 기술예측, R&D 평가 등

저서로는 〈플라스틱 제품개발 사례 및 활용〉, 〈냉각장치·냉각시스템 개발 및 활용〉, 〈알기쉬운 도면연습〉, 〈알기쉬운 기계제도 도면해석〉, 〈제품·서비스 플랫폼 개발전략〉, 〈스마트폰 해석과 개선설계〉, 〈플라스틱 응용과 재활용〉, 〈플라스틱 금형·사출성형과 제품설계〉, 〈복합 엔지니어링 플라스틱 및 응용〉, 〈수퍼 엔지니어링 플라스틱 및 응용〉, 〈엔지니어링 플라스틱 및 응용〉, 〈플라스틱 개론과 제품설계〉, 〈설계사례 중심의 기구설계(개정증보판)〉, 〈스마트폰 부품목록과 설계도면〉, 〈스마트폰 개발전략(Development Strategy of Smart Phone)〉, 〈스마트폰 개발과 설계기술〉, 〈최신 제품설계(Advanced Product Design)-ICT 및 융·복합 제품개발을 위한〉, 〈4차 산업혁명의 핵심소재, 플라스틱 미래산업에 답하다〉, 〈최신 기계도면 보는 법〉, 〈메커니즘 사전〉, 〈제품설계·개발공학〉, 〈제품개발과 기술사업화 전략〉, 〈동시공학기술(Concurrent Engineering & Technology)〉, 〈설계사례 중심의 기구설계〉, 9〈2차원 CAD AutoCAD 2023, 2022, 2021, 2020, 2019, 2018, 2017, 2016, 2015, 2014 등〉, 〈3차원 CAD SolidWorks 2015, 2013, 2011 등〉, 〈SolidWorks를 활용한 해석·CAE〉, 〈3차원 CAD Pro-ENGINEER Wildfire 2.0 등〉, 〈기계도면의 이해 Ⅰ·Ⅱ〉, 〈2D 드로잉 및 3D 모델링 도면 사례집〉, 〈미래창조를 위한 창의성〉, 〈알파고 시대, 신인류 인재 육성 프로젝트〉 등 제품설계 및 개발, R&D, 기술사업화, CAD/CAE, 특허, 창의성, 창의적인 혁신제품의 개발전략 분야 등 상품기획, 제품설계 및 생산에 이르는 전분야·전주기에 걸친 총 78권의 관련 저서가 출간되어 있다.